Gert G. von Harling

DER WEG ZUM WAHREN JÄGER

Müller Rüschlikon

Einbandgestaltung: R2 I Ravenstein, Verden

Titelfoto: Hans-Martin Lösch
Rückseitenfoto: ©grusgrus444/shutterstock.com

Alle Angaben in diesem Buch wurden nach bestem Wissen und Gewissen gemacht. Für einen eventuellen Missbrauch der Informationen in diesem Buch können weder der Autor noch der Verlag oder die Vertreiber des Buches zur Verantwortung gezogen werden. Eine Haftung für Personen-, Sach- und Vermögensschäden ist ausgeschlossen.

Dieses Buch wurde nach den geltenden Vorschriften der General Product Safety Regulation (GPSR) entwickelt. Bei Fragen oder Problemen wenden Sie sich bitte an den Verlag unter folgender E-Mail-Adresse: gpsr@paul-pietsch-verlage.de

ISBN 978-3-275-02362-2

Postfach 103743, 70032 Stuttgart
Ein Unternehmen der Paul Pietsch Verlage GmbH & Co. KG

1. Auflage 2025

Sie finden uns im Internet unter www.mueller-rueschlikon-verlag.de

Lektorat: Claudia König
Innengestaltung: www.studio-estinghausen.de
Druck und Bindung: Finidr s.r.o
Printed in Czech Republic

Unsere gemeinsame
Mutter Natur
zeigt ihren Kindern
immer deutlicher,
dass ihr der
Geduldsfaden
gerissen ist.

Dalai Lama

Inhalt

Vorwort

Fürwahr, ich möcht ein Jäger sein!

In dem 1746 erschienenen »Jäger-Practica«, Standardwerk der Jagdliteratur beschreibt Heinrich Wilhelm Döbel, das Wort Verhaltensforschung war noch nicht gefunden, überaus genau und einfühlsam das Empfinden und Verhalten des Wildes, ohne dessen genaue Kenntnis es kein erfolgreiches Jagen gibt, und an den Jäger stellt der Forstmann folgende Anforderungen: »Er sei Gottes fürchtig, treu und redlich, klug, wohlgeübt sowie erfahren, wachsam und munter, unverdrossen, arbeitsam, unerschrocken, tapfer und von guter Leibes-Constitution, nicht versoffen sowie hundelieb und er möge ein »reinliches Gewehr« führen ...«
Ähnlich hohe Anforderungen stellt Isaac Walton in seinem Klassiker »Der vollkommene Angler«, in dem ein Angler und ein Jäger allabendlich von ihrer Passion schwärmen, aus dem Jahr 1653. Das Bild, das er über den vollkommenen Angler schreibt, entspricht dem von Döbel gezeichneten Bild des »vollkommenen Jägers« und darüber hinaus dem des englischen Ideals vom Gentleman, eines vorurteilsfreien, aufrechten, gottesfürchtigen und naturliebenden, die Kreatur achtenden Menschen.
Im Laufe des 18. Jahrhunderts genossen Jäger und Forstleute hohes Ansehen. In unserer Zeit wird das Waidwerk – vor allem von denen, die es nicht wirklich kennen – herabgewürdigt und verfemt. Auch Friedrich von Schiller gehörte einst dazu, er wurde jedoch von einem Saulus zum Paulus wie das Zitat aus dem Jahre 1790 belegt:
»Nein, bei Gott, ich hielt euch Jäger für sehr gemeine Menschen, deren Thaten sich über das Töten des Wildes nicht erheben. Aber ihr seyd groß: ihr wirket unbekannt, unbelohnt, frei von des Egoismus Tyrannei, und Eures stillen Fleißes Früchte reifen der späten Nachwelt noch. Held und Dichter erringen eitlen Ruhm: ›Fürwahr, ich möcht ein Jäger sein!‹.«
Wer die Bücher gelesen und verinnerlicht hat, weiß, dass Waidwerk und Fischen mehr sind als schnelles Beutemachen in einem Minimum an Zeit mit immer ausgeklügelteren Geräten unter Vermeidung jeglicher Anstrengung.
Zu Zeiten von Goethe und Döbel wäre ich eine miserable Jägergestalt und stände damit wohl nicht allein auf weiter Flur.

Die Jungens haben damals noch wirklich gejagt, dem Hohen Waidwerk gefrönt, als Tier unter Tieren, ohne Wärmebildkameras und Nachtsichttechnik, ohne Weitschussgewehre und lichtstarke Zielfernrohre. Sie suchten Ursprünglichkeit, führten ein uriges, naturnahes, spartanisches Leben abseits der Zivilisation, je mehr Einsatz oder Entbehrungen, desto erfüllender war die Jagd für sie, und die Liebe zur Natur war ein Markenzeichen von Jägern und Förstern.

Die »Hohe Kunst des Jagens« beginnt mit der zunehmenden Entfremdung der Menschen zur Natur und mit der technischen Entwicklung zu verkümmern. Es ist nicht mehr das Messen der Sinne oder des körperlichen Einsatzes zwischen Jägern und Gejagten, es ist eher das Abschießen einer Hunger leidenden oder instinktgetriebenen Kreatur.

Der Zauber des wirklichen Waidwerks verkümmert in unseren Breiten zum Sitzsport. Das Gesäß vieler Jäger ist ihr am meisten benutztes und strapaziertes Körperteil beim Jagen, Augen-, Nasen- und Ohrensinne sind weniger gefragt.

Ortega y Gasset schreibt in etwa, dass, wenn der Mensch seine technische Überlegenheit dem Tier gegenüber ausspielt, die Jagd zu Ende ist. Das fängt schon mit Hochsitzen an. Bei Hermann Löns habe ich nie von einer geschlossenen oder wetterfesten Kanzel gelesen.

Ich vermeide es, dem Mainstream zu folgen, versuche den alten Lehrmeistern nachzueifern, bemühe mich, während der Jagd auf moderne technische Errungenschaften zu verzichten und nicht in Schwermut zu verfallen, sondern mich an dem Ursprünglichen, an dem Natürlichen, das uns verblieben ist, zu freuen.

Geht man als Jäger mit wachen Sinnen durch Gottes Schöpfung, hält Herz und Sinne wach, bleibt offen für Staunen, Lernen und Empfinden, kann Jagen auch im zweiten Jahrtausend noch sehr erfüllend sein.

Über Gewesenes habe ich viele Bücher verfasst, manchmal klingt in ihnen Melancholie an bessere Zeiten an. Mit diesem Buch möchte ich dazu beitragen, die Jagd aus der Dämmerung der Vorurteile zu holen und zeigen, dass sie mehr sein kann als Beute machen und töten – nämlich anspruchsvolles, edles Waidwerk. Dies Buch ist keine jagdnostalgische Reise in die Vergangenheit, sondern handelt von beglückenden Verhältnissen, die uns geblieben sind und davon gibt es genügend.

Kapitel 1

Ohne Fleiß kein Preis

Erfolgreich jagen bedeutet für mich, mein Gegenüber, die Umwelt und ihre Bewohner zu kennen und zu verstehen, mich auf ihre Ebene zu begeben und ihnen im wahrsten Sinne des Wortes nah zu sein. Dazu zählt auch, sich ihnen unbemerkt zu nähern, bedeutet den würzigen Waldboden zu riechen, die Natur zu schmecken, den Wind zu fühlen, die Umgebung mit allen Sinnen zu »begreifen«, die Zeit im Revier bis zum Letzten auszukosten, in Wettstreit mit der Kreatur zu treten und den »Gegner« zu überlisten.

Joschka, mein ungarischer Jagdfreund, und ich versuchten in unserer Jugend, uns gegenseitig mit sportlichen Leistungen im Kriechen und Pirschen sowie im Messen unserer Sinne mit denen des Wildes zu übertreffen. Ein Stück Wild bis auf 15, 20 Meter anzugehen und zu erlegen, das war wirkliche Jagd, Jagen nach unserem Herzen. Stupides, passives Warten auf einer Kanzel, womöglich noch an einer Äsungsfläche, überließen wir gerne den »Alten«. Als Jungen wetteten wir, wer näher an ein Stück Wild heranrobben kann. Eine dieser Wetten habe ich in Erinnerung, als hätten wir sie gestern abgeschlossen: Wir saßen auf einer Kanzel, und kaum 100 Gänge entfernt äste ein Rudel Damwild. Joschka stieg die Leiter hinunter und kroch im knöchelhohen Gras auf das Rudel zu, während ich ihn gespannt durch das Fernglas beobachtete. Als er nur noch drei Meter von einem Schmaltier entfernt war, sprang er auf und gab ihm mit der flachen Hand einen Klaps auf die Keule. Mit diesem Bravourstück hatte er die Wette gewonnen!

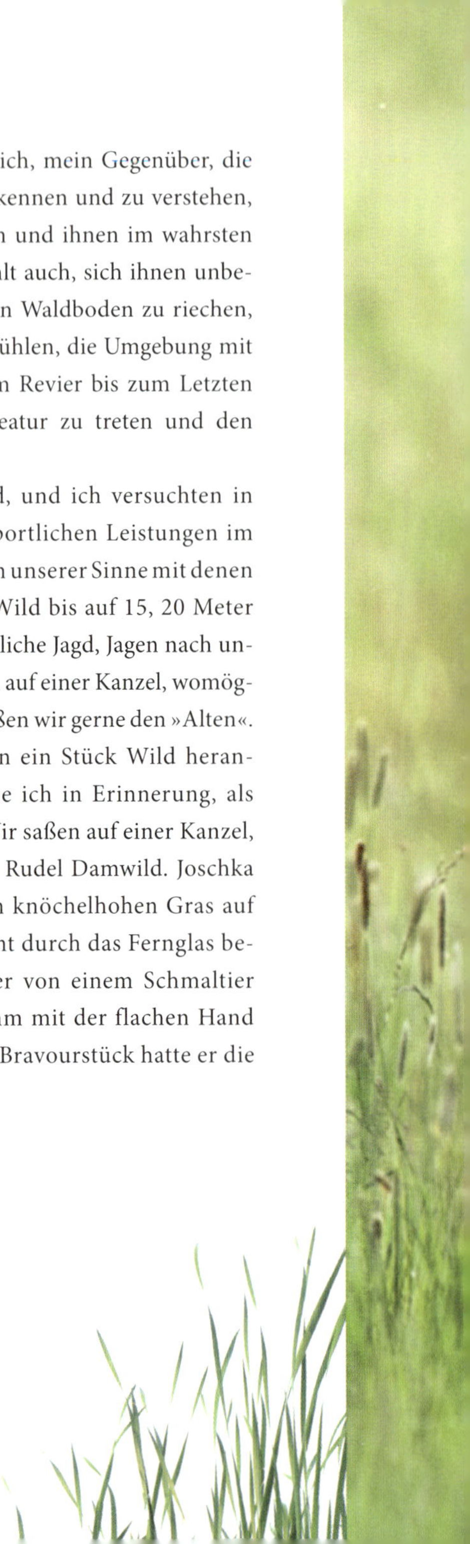

Diese Episode kommt mir in den Sinn, als ich wieder einmal mit meiner Hündin Diva die Nacht am Feldrand unter einer alten Weide, in meinem 1000 Sterne Hotel, wie meine Frau meine nächtlichen Aufenthalte in der Natur nennt, verbracht hatte, um Damwild auf dem Rückwechsel von einem Rübenschlag in den Tageseinstand abzupassen. Das Wetter hat sich aber mit dem Wild und nicht mit dem Jäger verbündet. Es ist trübe, nass, unfreundlich, windig und kühl. Über den Feldern hängt noch nächtlicher Dunst und will nicht weichen. Leise unterhalte ich mich daher mit meiner Hündin, streichele sie intensiv und dann machen wir beide uns auf den Heimweg. Als wir um ein Feldgehölz pirschen entdecke ich ein Rudel Damwild. Zwei Tiere mit Kälbern, ein Schmaltier und ein jüngerer Hirsch mit zerrissenen Schaufeln äsen knapp 300 Meter entfernt in einem anderen Rübenschlag. In niedrigster Gangart trete ich sofort den Rückweg an, meine Hündin folgt, als sei es die selbstverständlichste Angelegenheit der Welt, obwohl sie das Wild nicht bemerkt hat.
Zwischen uns beiden und dem kleinen Rudel liegt ein deckungsloser, fast kahler Acker, aber im Osten steht ein weiteres lichtes Feldgehölz, das uns Deckung geben könnte. In seinem Schutz will ich versuchen, an das Rudel heranzukommen. Der Wind steht gut.
Geduckt schleichen wir in die Richtung, in der vor einer knappen Stunde die Sonne über der kleinen Feldholzinsel aufgegangen war. Als wir sie erreichen, ich vorsichtig durch die Zweige luge, sind die Sechs immer noch gut 200 Gänge entfernt.
Will ich näher heran, muss ich es auf allen Vieren unmittelbar am Rand des Gehölzes versuchen, denn im Inneren ist der Boden mit trockenen Ästen und toten Zweigen übersät und mit Brennnesseln sowie Holunderbüschen zugewuchert.
Meine Hündin hat nach kurzem Blickkontakt verstanden, dass sie zurückbleiben muss. Sie kennt solche Situationen. Widerwillig, aber dennoch mit Würde, fügt sie sich in ihr Schicksal, blickt mich hoffnungsvoll an, setzt sich dann aber und schaut mir interessiert nach, während ich schlangengleich auf dem staubigen Boden über hartes, verdorrtes Gras fortkrieche. Nackte Haut auf nackter Erde, Steine und vertrocknete Erdklumpen drücken sich schmerzhaft in Handballen, Ellenbogen und durch den Stoff der Hosenbeine in die Knie. Endlos lang wirkt die Strecke, weil es nur im Schneckentempo vorangeht und immer Gefahr besteht, dass mich das Wild trotz niedrigster Gangart wahrnimmt. Meine Knochen schreien nach einer Pause. Würde ich mich über das Feld direkt auf das Rudel zu bewegen, würde ich mich ihm

zwar wahrscheinlich schneller nähern, müsste aber quer zu den Reihen kriechen – ein aussichtsloses Unterfangen, deshalb robbe ich am Rand des lichten Bestandes weiter. Ein winziger Dorn bohrt sich in meinen Handballen. Ich lege mich auf die Seite, um ihn zu entfernen, richte mich anschließend kurz auf und sehe, dass sich die sechs nicht weiter fortbewegt haben. Sobald ich meinen Kopf nur etwas höher recke, kann mich das Wild wahrnehmen, ich drücke mich also wieder flach auf den Boden.

Eine braune Motte taumelt dicht vor meiner Nase davon. Auf meinem linken Unterarm bringt sich ein kleiner Käfer in Sicherheit, krabbelt zu meinem Hals, fällt zurück ins Gras, versucht einen Halm zu erklimmen und plumpst erneut zu Boden. Ich halte mich nicht mit dem Bestaunen des munteren Kerlchens auf, sondern robbe weiter durch den trockenen Sand. Der Beutetrieb ist stärker als das Interesse an dem kleinen Insekt.

Als ich nach fünf Minuten wieder vorsichtig den Kopf hebe, steht das Rudel noch immer vertraut an derselben Stelle. Eine fast unmerkliche Windböe weht über das Rübenfeld und lässt die taufeuchten Blätter kurz aufblitzen.

Ob der ungewohnten Anstrengung rollen Schweißtropfen von der Stirn in meine Augen, sie brennen höllisch. Ellenbogen und Knie tun weh, harte Grasstummel bohren sich schmerzvoll in meine Handflächen, aber ich will nicht aufgeben und komme gut voran, habe mich weitere 50 Meter genähert, als sich das Rudel langsam von mir fortbewegt. Weiter geht es. Obwohl die morgendliche Kühle verflogen ist, lasse ich meinen Hut auf der Erde zurück.

Nach einem weiteren fünfminütigen Martyrium erreiche ich eine unscheinbare Senke, kann 20 Meter tief geduckt weiter, ohne von den Stücken bemerkt zu werden. Die »Erholungspause« währt aber nur kurz, schon muss ich wieder den Staub küssen und in ganzer Körperlänge Kontakt mit dem Boden aufnehmen, um noch näher heranzukommen.

Ohrenbetäubende Stille, die in meinen Ohren rauscht. So dicht mit dem Kopf am Erdboden, nehme ich die Gerüche unterschiedlicher kleiner Pflanzen intensiver wahr als beim aufrechten Gehen, vermeine das Flüstern des kurzen Grases, das von meinem Körper niedergedrückt wird, zu vernehmen, höre das Sirren der winzigen Insekten und atme den Duft der würzigen Erde. Trockene Blätter knistern unter meinen Knien. Streift meine Jacke eine Brennnesselstaude, raschelt es leise, fast flüsternd, dass man es kaum vernimmt. Weitere zehn Meter habe ich nun zurückgelegt, ohne dass die Stücke mich bemerken. Aber ich will noch näher heran. 20 Meter vor mir, am Rand des Gehölzes, steht eine Gruppe wunderschön leuchtender, fast zwei Meter hoher Königskerzen.

Sie geben mir zwar keine Deckung, aber bis dahin quäle ich mich noch, lasse nach erfolglosem Kampf gegen das Beschlagen der Okulare das störende Fernglas zurück, krieche noch ein kleines Stück und mache, als sich ein Wadenkrampf ankündigt, eine weitere Pause.

Dann hebe ich wieder behutsam den Kopf, um den Hirsch durchs Zielfernrohr anzuvisieren. Er ist knapp 100 Gänge entfernt. Ein kurzer Blick zurück, Diva kann aus ihrer Position das Wild nicht sehen, starrt unbeweglich zu mir.

Vorsichtig setze ich mich auf. Als der Hirsch breit steht, schmiegt sich die Schaftkappe des Gewehrkolbens an meine Schulter. Meine Augen und die Laufmündung sind, als seien sie durch eine unsichtbare Linie mit der erhofften Beute verbunden, starr auf den abnormen Schaufler gerichtet. Ruhig, ohne Hast, sucht der gekrümmte Finger den Druckpunkt am Abzug, der Schuss bricht, und der laute Knall lässt die Stille anschließend noch stiller erscheinen. Die Wucht des schweren Geschosses wirft den Hirsch von den Läufen, ein kräftezehrendes, aber erfüllendes Jagderlebnis findet, nachdem der Knall verklungen ist, seinen Abschluss, und mit niemandem auf der Welt hätte ich in diesem Augenblick tauschen wollen.

Wochen später erzähle ich in froher Runde von der Erlegung des Hirsches und schließe mit dem Zitat eines schottischen Jagdfreundes:

»The hunt starts within the last hundred yards.«

Insgeheim erhoffe ich mir ein wenig Anerkennung, dass ich mit über achtzig Jahren die Strapazen des Ankriechens auf mich genommen hatte, aber ich werde enttäuscht. »So blöd möcht' ich auch mal sein, durch den Dreck kriechen und auch noch meine Klamotten einsauen, wenn ich es einfacher haben kann. Ich hätte da auf die 300 Meter hingerotzt«, reagierte einer der Zuhörer auf meine Erzählung.

Die Äußerung des jungen Mannes machte mich sehr nachdenklich.

»Auch bei der Jagd haben die Götter den Schweiß vor den Erfolg gestellt«, höre ich unseren alten Wildmeister sagen. »Krieche gefälligst an das Wild ran, du bist Jäger und kein Kunstschütze«, schnauzte er mich an, als ich mir im zarten Alter von 16 Jahren ein Zielfernrohr wünschte. Ich habe seinen Rüffel beherzigt.

Für unsere Vorfahren galt: »Ein weiter Schuss, ein schlechter Heger, pirsch an dein Wild, dann bist du Jäger.« Gilt dieser alte Waidspruch im 22. Jahrhundert auch noch? Jagen bedeutet Lauern, Schleichen und schließlich das sichere Strecken der Beute aus gerechter Entfernung oder aber ohne Beute, doch voller Erlebnisse heimzukehren, nicht aus unangemessener Entfernung einfach technisch zu töten. Der Erfolg nach vielen anstrengenden Pirschgängen bleibt in der Erinnerung länger haften als der »kunstlose« Abschuss eines sicher bestätigten Stückes vom Hochsitz aus. Je schwieriger es ist, ein Stück Wild zu erlegen, desto befriedigender ist die Jagd.

Für den spanischen Philosophen Ortega y Gasset galt, dass es zwischen Mensch und Tier eine feste Grenze gibt, wo die Jagd aufhört, Jagd zu sein, und zwar dort, wo der Mensch seiner ungeheuren technischen Überlegenheit über das Tier freien Lauf lässt.

Von meiner Großmutter habe ich gelernt:

»Ohne Fleiß keinen Preis.«

Mit zunehmendem Alter frage ich mich manchmal, ob diese bewährte Lebensweisheit beim Jagen noch Gültigkeit hat. Bei der Jagd kommt zum Fleiß auch noch der Schweiß.

Kapitel 2

Am Fischwasser

Die Blicke meiner Frau sind bezeichnend. »Bei diesem Wetter willst du doch nicht etwa ...!« Ich will, für Angler und Jäger gibt es kein schlechtes Wetter. In der Nacht hatte es in Strömen gegossen, unaufhaltsam vom Himmel geschüttet. Nach langer Trockenheit war mehr Wasser den Bach hinuntergerauscht als in den letzten zwei Monaten. Nun nieselt es, ist kalt und diesig als ich den Teich erreiche. Ich hoffe auf einen oder mehrere schwere Karpfen. Die Büchse lasse ich im Auto. Gesa, meine kleine Münsterländerin registriert es, verlässt kurz den Wagen, nässt und springt zurück auf den trockenen Beifahrersitz.

Rasch ist mein Angelgeschirr, statt der bewährten Fliegenrute drei einfache Angelstöcke, zum Ufer getragen. Fischen mit einem Regenwurm als Köder wird von vielen Anglern als unsportlich, gar langweilig abgetan, doch für mich hat es durchaus seine Reize, genauso wie der Ansitz, bei dem ich mich ebenfalls völlig dem Naturgenuss hingeben kann und nicht uneingeschränkt meiner angepeilten Beute.

Während ich einen dicken Tauwurm an den Haken bringe, läuft in einer kleinen Sturzflut das Regenwasser von meinem breitkrempigen Hut herunter. Bald schwimmt die Pose auf dem Wasser, und wohlgefällig ruhen meine Blicke auf dem roten Kork. Bevor ich die nächste Angel fertig gemacht habe zuckt er und verschwindet von der Wasseroberfläche.

Beim Anschlag spüre ich kaum Widerstand. Ein knapp handtellergroßer Barsch ist es, der meinen Puls hat höherschlagen lassen. Ich ziehe den stachligen Gesellen an Land, in hohem Bogen fliegt der beköderte Haken wieder ins Wasser, die nächste Angel wird montiert. Als ich in der durchlöcherten Köderschachtel nach einem geeigneten Wurm suche, taucht die Pose abermals unter. Rasch erfolgt der Anschlag, und ebenso rasch ist mir klar, es ist kein dicker Karpfen, der den Wurm genommen hat. Wenige Umdrehungen der Rolle offenbaren, wieder einen Barsch, der auf den Köder hereinfiel.

Und noch einen Fisch lande ich, eine Rotfeder, bevor ich schließlich alle drei Angeln bestückt habe und voller Spannung warte, was der nächste Fang bringen wird. Im Westen wird der Himmel heller. Das Licht zaubert aus den an Halmen und Zweigen hängenden Tropfen Myriaden von Smaragden und Diamanten. Ein Windhauch bringt Bewegung in dieses tausendfache Glitzern, lässt die feuchten Blätter der großen Birke am Teichrand wie unzählige kleine Silberperlen leuchten.

Ich habe Muße, all dies und die herrlichen Spiegelungen auf dem Wasser zu bewundern. Immer wieder fällt vereinzelt ein Regentropfen vom verhangenen Himmel, und fasziniert beobachte ich die sich wieder und wieder bildenden Ringe auf der Oberfläche des Wassers, ein wunderschönes Bild. Nicht lange bleibt Zeit zum Träumen und Verweilen. Wieder zieht ein Schwimmer von dannen, wieder fühle ich nach dem Anschlag, es ist nicht der erhoffte starke Fisch. Zwei kurze Fluchten, und ein Aland ist es, der mir gehört.

Für einige Momente liegt die Wasserfläche ruhig vor mir. Ab und zu schüttelt der Wind Tropfen von den Blättern der Birke und bringt Unruhe, aber es klart nicht auf. Die Luft ist stickig.
Im Brombeergestrüpp singt eine Goldammer, und zwei Amseln grenzen lautstark ihre Reviere ab.

Einst war der Amselhahn Sohn eines mächtigen Mannes und seiner Frau in Liebe und Treue ergeben, heißt es in einer Legende. Als die Geliebte starb, konnte er ihren Tod nicht verwinden und bat Gott in seinem Schmerz, ihn in einen Vogel zu verwandeln. Der Herr erhörte das Flehen des Witwers, und so wurde er zur Amsel. Seitdem trägt er das schwarze Gewand der Trauer und sucht mit seinem Singen, seine tote Frau zu erwecken. Auch das Nest der Schwarzdrossel ist niemals weit von der Erde, um stets der Begrabenen nahe zu sein.

Solchen Gedanken nachhängend wandern meine Augen immer wieder zu den drei Schwimmern. Fischen ist wie Jagen eine spannende Angelegenheit. Da! Einer der roten Korken wackelt verdächtig. Ich nehme die Rute in die Hand, Schnur läuft von der Rolle – Anschlag, ich beginne, die Kurbel zu drehen. Nicht stark, aber stetig zieht ein Fisch Richtung Teichmitte, wird aber bald müde und lässt sich in den Kescher führen. Der bisher stärkste Barsch meines Lebens. Rasch ist er abgeschlagen, und ich starre erneut auf meine Posen.

Wie aufregend ist doch so ein Fischwasser. Genau wie ein Jagdrevier beschert es dem Angler wie dem Jäger immer wieder Neues und Unerwartetes. Wie viele Geheimnisse mag es für uns bergen, und wie viele Überraschungen bereithalten?

Da erfolgt ein gewaltiger Biss. In Sekundenschnelle habe ich die Rute ergriffen, die sich nach dem Anhieb wie ein Flitzebogen biegt, so stark, dass ich Bedenken habe, sie würde brechen. Endlich kann ich die Bremse lockern und Schnur geben. Zweimal hole ich Leine auf die Rolle zurück und zweimal strafft sich die Sehne fast zum Zerspringen. Ich muss ziemliche Kraft aufbieten, um den kämpfenden Fisch zu halten. Das Knarren der Rolle wechselt mit hastigem Aufspulen, doch plötzlich, mit hellem Pfiff, mit lautem Hui fliegt der Haken ohne Köder aus dem Wasser und landet hinter mir im nassen Gras. Aus – Ende ...!

Ein Karpfen, der sicher über 15 Pfund auf die Waage gebracht hätte.

Dunstschwaden ziehen über den Teich, und eine Schnepfe streicht vorüber: »Kworr, kworr«, klingt es. Meine Augen verfolgen den geheimnisumwitterten Vogel, bis ihn das Grau des regnerischen Himmels wieder verschluckt. Da, ein erneuter Biss! Schnell gebe ich Schnur, halte dennoch Fühlung zum Fisch, spule auf und muss wieder nachgeben. Mit kraftvollem Zug zieht mein unsichtbarer Gegner Meter um Meter von der Rolle. Mit Daumen und Zeigefinger versuche ich ihm die Flucht zu erschweren. Erfolglos. Welches Wild mag diesmal auf den dicken Wurm hereingefallen sein? Ein Aal ist es schließlich, den ich landen kann.

Zufrieden schaue ich dem Rauch der »Beruhigungszigarette« nach, der in dicken Schwaden allerlei Mücken vertreibend davonzieht.

Noch einmal verschwindet ein Floß. In der Erwartung eines schweren Fisches und eines kraftvollen Drills, springe ich auf, setze den Anschlag, spüre aber nur geringen Widerstand. Ein kleiner Kaulbarsch landet schließlich neben mir im Gras.

Während meine Blicke verträumt am gegenüberliegenden Ufer entlangwandern, schwankt dort ein Zweig hin und her, langsam schiebt sich ein roter Fleck aus dem Gestrüpp. Ein Rehbock.

Auf sechzig, siebzig Gänge sichert er und spielt mit den Lauschern zwischen denen helle dünne Stangen blitzen.

Auf dem Bauch krieche ich zum Auto, um die Büchse zu holen, und öffne vorsichtig die Wagentür. Erfreut springt Gesa mir entgegen und quietscht, als ich zum Gewehr greife, umkreist mich in wildem Galopp, und mehrmals muss ich zischen, bis sie in »Down-Lage« geht.

Das Reh kann ich vom Auto aus nicht sehen. Ich muss die Tortur des Kriechens noch einmal auf mich nehmen, und robbe durch das pitschnasse Gras zurück zum Angelplatz, während mir die Hündin verständnislos nachschaut.
In dem dichten Gestrüpp erkenne ich lediglich die Rückenlinie des Bockes. Behutsam richte ich mich auf, stehe nun völlig frei, und habe die Büchse im Anschlag. Den Bock im Absehen tanzt das Fadenkreuz um den Wildkörper, dass es unmöglich ist zu schießen. Aufregung und körperliche Anstrengung kommen zusammen.
Vorsichtig gehe ich wieder in die Knie und greife nach wenigen Augenblicken Überlegens nach der am nächsten liegenden, geschmeidigen Angelrute. Zum Anstreichen gibt sie leidlich Halt.
Ich werde ruhiger, und der Bock steht breit. Kurz bevor ich den Abzug berühre, weht mir eine Windböe ins Genick und lässt ihn aufwerfen. Im Abspringen fährt die Kugel aus dem Lauf. Ich konnte sie nicht mehr aufhalten.

Während ich mir mit leicht zitternden Händen eine Zigarette anzünde und mich ins nasse Gras setze, schleicht Gesa mit einem furchtbar schlechten Gewissen zu mir. Ich habe Verständnis für ihre Passion und streichele ihr über den Kopf, als sie sich neben mich setzt.

Nach einer guten Viertelstunde pirschen wir gemeinsam zum vermeintlichen Anschuss von wo aus mich die Hündin nach zehn Metern zum verendeten Bock führt. In dem verfilzten Gestrüpp bemerke ich ihn erst, als ich über ihn gestolpert bin.

Eine Trophäe sind sie wahrhaftig nicht, die eng zusammenstehenden dünnen Spieße, aber das pietätvolle Andenken an ein wunderschönes und erfolgreiches Jagderlebnis. Später, viel später, als es zu dämmern beginnt, und ich die Beute im Auto verstaut habe und den Bock zum Wagen schleife, leuchten die gelben Schwertlilien am Uferrand besonders hell. Eine Grasmücke dankt mit wunderschönem Gesang auf ihre Art für diesen Tag, der mich auf einen dicken Karpfen hoffen ließ, aber in spannenden Stunden abwechslungsreichere Beute bescherte.

Kapitel 3

Waldschutzjagd 2020

Dem Schwarzwild sagt man eine gewisse Aggressivität nach, aber eine gesunde Sau wird, sofern sie nicht in die Enge getrieben wurde oder sich sonst wie bedroht fühlt, kaum jemals einen Menschen annehmen. Der Ausdruck wehrhaftes Wild, den unsere Vorfahren für das »ritterliche Schwarzwild« benutzten, bezieht sich wahrscheinlich vielmehr auf die Kämpfe alter Keiler in der Rauschzeit. Einen solchen Kampf habe ich einmal erlebt, allerdings nur akustisch.

Ich war zu einer »Waldschutzjagd« eingeladen, eine von naturschutzhörigen Forstbeamten veranstaltete Schießveranstaltung, an der über 100 Schützen und zahlreiche Hunde teilnahmen, weil der Abschussplan nicht auf waidgerechte Art erfüllt werden konnte.

Kaum hatte der Wald mich und meine Schweißhündin in seine Arme genommen, kaum saß ich auf dem Drückjagdbock an einer Fichtendickung und war mit meinen Gedanken allein, wurden sie jäh unterbrochen. Auf einem der Nachbarstände fielen drei, vier Schüsse, und dann tönte es hinter mir urplötzlich »öff!, öff!, öff!« – Sauen! Es folgte grelles Quieken und scharfes Pusten. Heisere Schreie erklangen, laut und durchdringend. Und noch einmal, rauer, röchelnder, Furcht erregender. Irgendwo fielen weitere Schüsse. Dann herrschte bedrückende Stille. Meine unter der Leiter abgelegte, schwarzwilderprobte Hündin blickte verunsichert zu mir hoch, ich schaute ebenso beunruhigt zu ihr hinunter und richtete die Mündung des Stutzens in die Richtung der »Keilermusik«.

Plötzlich erneut wütendes Grunzen und schrilles Klagen. Und nun bestand kein Zweifel, hinter mir kämpften zwei Keiler, hatten, unbeeindruckt von den Gewehrschüssen und dem Geläut der Hunde im wahrsten Sinne des Wortes zu den Waffen gegriffen. Das beeindruckende Konzert schwoll ab, zeugte dann aber nach wenigen Minuten noch kraftvoller von dem Überlebenskampf, den der gewinnen würde, der als Besserer aus dem Duell, das für die Fortpflanzung seiner Art seit ewigen Zeiten von der Natur vorgegeben ist, hervorgehen wird.
Erneutes, markerschütterndes Kreischen. Es nahm an Lautstärke zu, ging über in helles Quietschen, grelles Geschrei wie ich es erinnere, wenn in meiner Jugend vor dem alljährlichen Schlachtfest ein Hausschwein auf unserem Hof abgestochen wurde. Unüberhörbares Stampfen auf den Erdboden und prasselndes Ästeknacken hallte durch den Bestand. Deutlich vernahm ich dann Schnaufen und Klappern. Die Rivalen wetzten ihre Gewehre. Es folgte tiefes, wütendes Brummen, wieder Wetzen der Gewehre, und dann war es erneut beängstigend ruhig. Selbst die wenigen Vogelstimmen verschwiegen. Der leichte Wind schien den Atem vor der unheimlichen Musikkulisse angehalten zu haben.
Meine Hündin starrte gebannt an den Dickungsrand, und auch ich versuchte, in dem dichten Fichtenbestand eine Bewegung auszumachen. Da erschien eine Sau, langsam, müde, schwerfällig – krank! Der Wurf war voller Schweiß. Ich erkannte eine blutige Wunde, vom Teller bis fast zum Brustkern reichte sie.
Kaum hatte das Stück die schützende Deckung verlassen, hatte ich es im vierfachen Absehen, ein kunstloser Schuss. Gleichzeitig mit dem lauten Knall meiner Büchse bricht der Basse zusammen.

Einen starken Keiler während der Rauschzeit zu erlegen lehne ich normalerweise ab. Wer auf winterlichen Drückjagten einen Keiler schießt, dessen Wildbret anschließend verworfen werden muss, liefert den Jagdgegnern willkommene Munition, die sie freudig gegen die Jäger verschießen. Dieses Mal habe ich aber keine Skrupel. Die Gewehre – war er der Sieger oder der Verlierer, war er fünf, sechs Jahre alt oder sogar noch älter – ich hatte sie nach der Jagd bei der Forstverwaltung zurückgelassen, nicht mit nach Hause genommen, um sie an der Wand zu präsentieren.

Sie hätten mich stets daran erinnert, dass ich auch für den Abschuss eines todkranken Stück Wildes bei »Waldschutzjagden« auf Naturschutzflächen viel Geld hätte zahlen müssen. So behalte ich das Erlebnis in besserer Erinnerung.

Kapitel 4

Drückeberger bei der Drückjagd

»Das ist da, wo ich im letzten Jahr das Kalb und den Überläufer geschossen habe«, erwidere ich gut gelaunt, als der Jagdherr meinen Namen aufgerufen hat. Er stutzt. »Tut mir leid, das kann ich jetzt nicht mehr ändern, da muss was schiefgelaufen sein, aber es ist ja ein guter Stand«, erwidert er zerknirscht auf meinen Zuruf, und ruft dann die Namen der nächsten Schützen auf, damit sie sich auf die Fahrzeuge verteilen, um zu ihren Ständen gefahren zu werden können. Ich kann dem Mann nur beipflichten, und eine halbe Stunde später feiere ich freudiges Wiedersehen mit »meinem« Drückjagdbock vom vergangenen Jahr.

Es hatte gewiss fünf Minuten gedauert, bis ich ihn erreicht, vorsichtig erklommen und es mir bequem gemacht hatte. Zuvor hatte ich nämlich versucht, mich wie ein äsendes Stück Wild zu benehmen, machte drei, vier Schritte, um dann stocksteif stehen zu bleiben als wolle ich einige Gläser abrupfen, bevor ich weiterschlich.

Nun habe ich das bestimmte Gefühl, ich hätte den Sitz seit der letzten Drückjagd überhaupt nicht verlassen. Meine Erwartungen wurden noch gesteigert, als ich auf meinem kurzen Marsch dorthin feucht-glänzende, frische Rotwildlosung, erst wenige Stunden alt, entdeckt hatte.

Links die hohen Fichten, einige sind zwischenzeitlich vom Käfer befallen, dazwischen gewaltige Kiefern, vor mir die noch nicht wieder aufgeforstete Windwurffläche. In einigen Kronen der alten Fichten, die vom Käfer verschont wurden, hängen dicht bei dicht rötlich braune Zapfen.

Daneben ragen wie anklagend nadellose kahle Spitzen. Die Anhöhe mit dem hohen Bentgras leuchtet in der aufsteigenden Morgensonne in harmonischen goldgelben Farben herüber. Die 20-jährige Fichtendickung rechts, an dessen Rand ich das Rotkalb geschossen hatte, wirkt ebenfalls fast unverändert, allerdings haben manche Bäume bis zu einem Meter lange Triebe geschoben. Ganz so weit, wie im vergangenen Jahr kann ich nicht mehr in den Altholzbestand blicken. Naturverjüngung hat sich ausgebreitet und ist hochgewachsen. Sonst ist alles fast so wie damals. Selbst die Häher, die sich in den alten Eichen auf der Mitte der Fläche streiten und krächzende Unruhe in der Stille verbreiten, scheinen dieselben zu sein, die mich im letzten November erfreuten.

Auf einem Wipfel sitzen plötzlich zwei Grünlinge. Einer putzt sein Gefieder, dann sind die beiden wieder verschwunden.

Nach dem ich im Stehen und Sitzen in alle Himmelsrichtungen Anschlagübungen gemacht habe, lehne ich mich entspannt zurück, genieße die Ruhe, atme die kalte Luft tief in mich ein, leuchte das farbige Gräsermeer durch das Glas ab, und stoppe augenblicklich in meinen behutsamen Bewegungen.

Auf gute Schrotschussentfernung ragt ein Rehhaupt aus dem herbstlich dürren Bewuchs. Zwei Lauscher und zwei ebenso hohe dünne, krumme Spieße. Ein Bock hat sich mitten auf dem Schlag niedergetan und genießt die ersten Sonnenstrahlen. Vorsichtig tausche ich das Glas mit der Büchse, beobachte ihn angespannt durch das Zielfernrohr. Bewegungslos äugt er in die von mir abgewandte Richtung.

Träge fließen die Minuten dahin. Ab und zu zuckt ein Lauscher, sonst tut sich nichts Auffälliges. Als ich das dritte Mal auf die Uhr schiele ist eine Viertelstunde vergangen, der Bock macht keine Anstalten, sich zu erheben.

Anspannung und Anstrengung sind unverzichtbar für erfülltes Jagen, aber als ich zwanzig quälende Minuten lang konzentriert gestarrt und gehofft habe, spüre ich schmerzhaft meine verkrampfte Körperhaltung, lehne mich wieder zurück, um zu entspannen. Die Laufmündung zeigt aber immer noch zu dem Reh. Über eine halbe Stunde lang lasse ich es nicht aus den Augen. Die Sonne steigt, und die Schatten sind kürzer geworden. Wind spielt mit den weißen Spinnennetzen in den Fichten.

Zweimal schießt ein Sperberweib in blitzschnellem Flug zwischen den dicken Eichen dahin, die Häher stieben erschreckt auseinander und bringen sich lauthals in Sicherheit. Die rasante Jagd des Greifs blieb erfolglos, und es dauert nicht lange, bis die bunten Schreihälse wieder vertraut zurückkehren. Mitunter erkenne ich durch das Fernglas, wie einer von ihnen eine Eichel im Schnabel davonträgt.
Ein Hubschrauber donnert tief, den Baumwipfeln bedenklich nah, vorüber. Als er endlich verschwunden ist, muss ich sein störendes Gedröhne noch minutenlang anhören.
Links hinter mir zetern Amseln aus einem Ebereschenbaum. Seine Blätter hat er längst verloren. Ich nehme ihn nur wahr, weil noch Büschel knallig roter Vogelbeeren daran hängen und ihn verraten.

Da lässt sich ein Flug Ringeltauben im Geäst der Eichen nieder, um sich die Kröpfe zu füllen. Kurz darauf erscheinen 20, 30 weitere Vögel. Ich sitze bewegungslos, wage kaum zu atmen, nicht einmal das Glas vor die Augen zu heben, wohl wissend, dass die grauen Flieger bei der kleinsten Unruhe laut mit den Schwingen klatschend abstreichen und anderes Getier der Umgebung misstrauisch und vorsichtig machen.

Hin und wieder flattert ein Vogel hoch, geht an einer anderen Stelle im Geäst wieder runter, kurzes Auf- und Abwippen eines Zweiges, dann kehrt Ruhe in den hohen Kronen ein. Nach einer Viertelstunde streichen die ersten Vögel ab, andere folgen, schließlich gehören die Eichen wieder allein den Hähern.

In der Nähe fällt ab und zu ein Schuss. Der Bock vor mir lässt sich nicht aus der Ruhe bringen, döst vor sich hin, als gäbe es weit und breit keine Feinde, die ihm nach dem Leben trachten. Endlich erhebt er sich, verhofft, schüttelt sich, macht zwei, drei Gänge, verhofft erneut und zieht weiter. Ich ahme das Schrecken eines Rehes nach, der gewünschte Erfolg bleibt nicht aus, der Bock verhofft und bricht nach meinem Schuss zusammen. Während ich repetiere flüchtet eine Ricke mit zwei Kitzen über die Anhöhe davon. Bevor die Büchse wieder sicher im Anschlag liegt, sind alle drei verschwunden. Sie hatten sich knapp 50 Meter vor mir niedergetan, ich hatte sie vorher wohl nicht bemerkt.

Bei einem unspektakulären Ansitz im Sommer hätte ich den Bock gewiss ziehen lassen. Was mich zur Büchse greifen ließ, war die Spannung der letzten Stunde, die ich so schnell nicht vergessen würde, die mir mehr bedeutet als die Erlegung eines stärkeren Stück Wildes, das von einer Kanzel aus zur Strecke kommt.

Es breitet sich wieder Frieden aus. Bis auf die krakeelenden Häher, die sich lärmend um die Früchte des Waldes streiten.

Abermals kreisen hoch über mir Tauben, schrauben sich in elegantem Flug tiefer und sind dann im Schutz der goldgrünen Eichenblätter verschwunden.

Rotwild trollt weiter als 120 Meter entfernt am Rande der Lärchenkultur entlang. Es ist mehr zu ahnen als sicher anzusprechen, wahrscheinlich zwei junge Hirsche, ein Alttier mit Kalb vorweg, dann weitere zwei, drei Stücke Kahlwild.
Dicht hinter mir in den Fichten höre ich zwei Treiber. Ab und an leuchtet eine rote Warnjacke durch das Gezweig herüber. Das Drücken nähert sich dem Ende zu. Auch auf der anderen Seite kündigt ein weiterer Treiber durch Rufe sein Kommen an. Für wenige Augenblicke erhasche ich mit den Augen seine rote Kleidung, dann ist er fort, es ist abermals still um mich herum.
Am Saum der Fläche im Schatten der Fichten zittert der Unterwuchs, schon habe ich das Glas vor den Augen, und wieder beschleunigt sich mein Pulsschlag. Es ist aber kein Wild, das für Aufregung sorgte. Der leichte Wind spielte mit den grünen Blättern des Himbeergestrüpps. Doch dann habe ich einen Fuchs in der Linse des Glases.

Ein-, zweimal kann ich ihn ganz nah durch die Optik verfolgen, dann verraten ihn für weitere zehn Schritte nur Bewegungen des trockenen Bewuchses, bis er wieder erscheint, schemenhaft wahrnehmbar ist, sich noch einmal Bruchteile von Minuten in seiner ganzen Pracht präsentiert und endgültig von Gestrüpp verschluckt wird. Ich versuche, mit dem Fernglas Bewegungen auszumachen, ergebnislos. Hätte ich nicht unermüdlich, pausenlos meine Umgebung konzentriert beobachtet und aus den Augen gelassen, hätte ich den heimlichen, jede Deckung ausnutzenden Freibeuter nicht bemerkt, und denke an die Begrüßung vor drei Stunden, als ich die Runde meiner

Mitjäger skeptisch gemustert hatte. Manche schleppten Rucksäcke, prall gefüllt mit Thermoskanne, Brotzeit, Lektüre, Wärmebildkamera, Reservekleidung und anderen Utensilien mit sich, auf die sie in den nächsten Stunden nicht verzichten wollten, stellte ich fest, als ich mich verstohlen umgeschaut hatte, und wunderte mich, zweifelte, dass sie bei all diesen Ablenkungen viel Wild bemerken, geschweige denn schießen würden. Kaum anzunehmen, dass sie Reineke auch bemerkt hätten.

Noch 20 Minuten, dann muss ich abbaumen. Während sich etwas wie Wehmut in mir breitmacht, schließlich ist es die letzte Drückjagd in dieser Saison, bleiben meine Blicke an schwankenden Gräsern hängen. Bevor ich das Glas vor die Augen gehoben habe, erhebt sich dort eine Ricke. Ihr graues Haupt ist starr auf meinen Sitz gerichtet. Ich verharre wie angewurzelt, wage nicht, mit meinen Augenlidern zu schlagen. Wenige Atemzüge später dreht sie ab, zieht langsam fort, verhofft und verendet nach meinem Schuss im hohen, braunen Gras.

Zwölf Uhr. Ich verlasse meinen Sitz und schleife den Bock zum nahen Weg. Versorgen des erlegten Wildes ist durch die Schützen aus unerklärlichen Gründen in diesem Revier nicht üblich. Dann stolpere ich über die Fläche zurück zur Ricke, um auch sie zu bergen. Da durchfährt mich ein Riesenschreck. Zehn Meter vor mir gerät die Fläche in Aufruhr, fünf Überläufer stürmen davon. Dickfällig, dickschwartig hatten sie sich in ihrem Kessel trotz der Unruhen durch die Treiber und meine Anwesenheit nicht aus der Ruhe bringen lassen.

Amüsiert blicke ich den Drückebergern nach, bis sie verschwunden sind.

Kapitel 5

30 Jahre Drückjagd

Der Große Wagen macht tief über dem Horizont Kopfstand, und selten sah ich Anfang Dezember den Orion so klar am Himmel leuchten, obwohl sich der Wetterbericht für eine Drückjagd denkbar ungünstig anhörte. Mein Hund und ich sind voller Erwartung, geht es doch zu einer Jagd, zu der ich mit alten Freunden gewiss schon gefühlte 30mal eingeladen war. Der Jagdherr war im vergangenen Jahr verstorben, der Besitz wird von seinem Sohn bewirtschaftet, und wir »Alten« rechnen es uns als Ehre an, noch dabei sein zu dürfen.

Alle wichtigen Informationen waren uns bereits eine Woche vorher über ein Gruppen-Chat mitgeteilt worden. Gut, dass meine Enkel mich in diese Technik einweihen konnten. Hunde mögen bei der morgendlichen Begrüßung im Auto bleiben, hieß es darin. Die Begrüßungsrede ist erfrischend kurz, die Freigabe präzise. Warum explizit darauf hingewiesen wurde, dass auch Rehböcke geschossen werden dürfen, kann mir niemand erklären.

Uhrenvergleich? Die Zeiten sind vorüber. Es wird vorausgesetzt, dass jeder Jagdteilnehmer ein Telefon bei sich trägt.

Wir, die kleine, in Pulverdampf ergraute Gruppe älterer Schützen, seit mehr als einer Jägergeneration in denselben verschlissenen Klamotten, grünen Lodenmänteln und altmodischen Filzhüten, Stammgäste auf dieser Jagd, kommen uns zwischen den elegant gekleideten jungen Leuten mit sportlichen Baseballmützen deplatziert vor. Mein aus einem Fuchsbalg geschneiderter Muff und mein 98er, Begleiter seit über 60 Jahren, werden wie Exoten betrachtet.

Ich habe Muße, die in allen erdenklichen Rot-, Orange- und Gelbtönen gehaltene Warnkleidung der Beteiligten zu bestaunen. Ein fröhlich farbiges Bild. Erstaunlich, wie viele verschiedene Farben, Materialien und Modelle geschäftstüchtige, fantasiereiche Designergehirne für die Jäger entwickelt haben und der Industrie hohe Umsätze bescheren: kurze Jacken, lange Mäntel, schicke Westen, rustikale Overalls, mit und ohne Ärmel, mit und ohne Werbeaufdruck oder integrierter Kopfbedeckung.

Als mich der Geländewagen durch ein Buchenaltholz zu meinem Ansitzbock kutschiert, steigt mein Hoffnungsbarometer. Wild scheint es mehr zu geben, als in den vergangenen Jahren. Kaum eine Stelle unter den hohen Bäumen, an der Sauen nicht gebrochen haben. Nur unter den für Abwechslung in dem Waldbild sorgenden alten Kiefern liegen die braunen Blätter so, wie der Herbst sie fallen gelassen hatte.

Endlich erreichen wir meinen Stand, ich bin mit meinem Hund allein. Kaum habe ich geladen, Anschlagübungen gemacht und mich gesetzt, schnelle ich von meinem nassen Sitzbrett hoch. Über den Weg, auf dem das Auto gerade verschwunden war, huschten zwei Rehe. Zu schnell, zu weit zum Ansprechen, geschweige denn Schießen. Es reichte lediglich, um meinen Puls zu beschleunigen. Auf dem braunen Laub nur schwer auszumachen, kommen die beiden Stücke kurz darauf zurück und verschwinden erneut.

Hundelaut! Drei, vier Stimmen aus passionierten Kehlen von Wachtel, Terrier, Teckel und Co. kommen auf mich zu, kurbeln abermals meinen Herzschlag an. Schon erscheint eine pechschwarze Sau, trabt 50 Meter entfernt durch die Buchenrauschen und ist verschwunden. Laut Freigabe darf Schwarzwild bis 50 Kilogramm geschossen werden, die Kugel blieb im Lauf, Anschlagübungen waren erlaubt. Die Hunde haben die Fährte verloren. Am Nachbarstand fällt ein Schuss, dann herrscht beklemmende, spannungsgeladene Stille.

Keine Meise, kein Specht, kein Kolkrabe stimmt ein in die Melodie des Schweigens. Dann stört ein Flugzeug, unüberhörbar, unübersehbar, die trügerische Ruhe hinter den dichten Wolken, eine schnittige Passagiermaschine auf dem Flug gen Süden, Statussymbol einer, dem Konsum verfallenen, alle Mahnungen von Klimaschützern und Naturfreunden ignorierenden Gesellschaft.

In der Nacht hatte es gefroren. Die Quecksilbersäule des Thermometers stand am Morgen bei null Grad. Das raschelnde Laub wird das Wild zeitig verraten, hoffe ich, werde aber eines Besseren belehrt: Fünf Stück Rotwild flüchten auf gute Büchsenschuss-Entfernung durch das Altholz. Wie Geister schweben sie durch den leichten Dunst über den braunen Blätterteppich dahin. Ich hatte sie nicht gehört. Die Kälber sind durch die Tiere so gedeckt, dass es unmöglich ist, zu schießen. Ein wunderschönes Bild, inspirierender Anblick für jeden Jagdmaler.

Immer wieder fallen Schüsse. Von dort, wo die Schützen der »Generation Schalldämpfer« sitzen, donnert es nicht so laut, aber öfter, als von den Ständen, auf denen wir Alten abgesetzt wurden.

Das Ende des Ansitzes kommt näher. Da zieht ein Stück Damwild durch das Holz. Während ich mich über den Anblick des einzelnen Kalbes wundere, wechselt es sorglos auf mich zu, und, kein Kunststück, gewiss auch keine Heldentat, bricht es nach meinem Schuss zusammen.

Eine halbe Stunde später donnert ein vierrädriges Motorrad zum Anschuss, nimmt meine Beute, ohne dass mein Hund und ich Besitz von ihr genommen haben, auf und transportiert sie zum Streckenplatz, wo zentral aufgebrochen wird.

Dort treffen nach und nach auch die letzten Schützen ein.

100 Meter abseits summt ein Kühlaggregat aus einem riesigen Lastwagen, dahinter weist ein Schild »Toiletten« dezent den Weg zu zwei grünen Plastikhäuschen, eins für Männlein, eins für Weiblein, auch im deutschen Wald muss schließlich Ordnung herrschen.

Während wir Alten am Feuer Gedanken austauschen, uns dankbar an vergangene Jagden erinnern und von früheren Zeiten fabulieren, wird auf der anderen Seite des Feuers über Familie, Börsenkurse und anstehende Investitionen diskutiert. Aktuelle Jagderlebnisse, alle Highlights des Tages hatte man sich schließlich untereinander bereits während der eigentlichen Jagd, quasi »live«, direkt vom Stand aus per Smartphone mitgeteilt.
Schwäne streichen über uns hinweg. Nachdenklich wandern unsere Blicke hinter ihnen her. Sehen tun wir die majestätischen Vögel im tiefverhangenen Himmel nicht, aber wir erfreuen uns an ihren melodischen Rufen, während einige unserer Mitjäger in ihre Smartphones vertieft sind.
»Ich habe 91 Schüsse gezählt, 46 Kreaturen haben wir«, raunt mir ein junger Jäger zu. »Neun Stück Rotwild, sieben Stück Damwild, drei Ricken, drei Böcke, 21 Sauen und drei Füchse.«

Nachdem Metzger das Schalenwild ver- und die Füchse entsorgt haben, liegt auf der Strecke von jeder erfolgreich bejagten Wildart ein Stück. Mein Damkalb gehört zu den Auserkorenen, die zum krönenden Abschluss im Namen aller gefallenen Stücke klangvoll verblasen werden sollen. Der Rest der Strecke wird wohlversorgt im Kühlwagen hängend, auf den Abtransport in die Schlachterei warten.
»Wildbret Hygiene und das Einhalten der Kühlkette haben Vorrang vor Brauchtum«, werde ich aufgeklärt. Ein Sieg der Bürokratie über Jagdkultur. Ein Gutes hat das Zeremoniell: »Schlumpschüss«, Schonzeitvergehen und Falschabschüsse bleiben anonym, werden nicht mehr musikalisch untermalt. Gewiss ist mancher Schütze aber auch mancher Jagdherr darüber nicht unglücklich.
Während die meisten Hunde in den kalten Autos warten, stehe ich mit zwei weiteren Bläsern vor den auf grünem Fichtenreis gestreckten von Fackeln beleuchteten Stücken, um ihnen die letzte Ehre zu erweisen, die man den anderen, im Kühlwagen frierenden, verwehrt.
Ich bewundere die junge Jägergeneration. Sie glaubt gleichzeitig Handy und Büchse halten, konzentriert Umfeld sowie Display im Auge haben und rundherum Geräusche und Bewegungen wahrnehmen zu können, dabei Tasten zu bedienen, zur selben Zeit blitzschnell Wild registrieren, reagieren, fotografieren, ansprechen und schießen.

»Früher war alles gut, heute ist alles besser, aber es wäre besser, wenn alles wieder gut wäre«, dieser Ausspruch des Komikers Heinz Ehrhardt drängt sich auf.
Kraniche ziehen über uns dahin. Der Klimawandel lässt sie hier überwintern. Die Belastungen, die wir unserer Umwelt zumuten, machen mich nachdenklich, aber auch der Wandel in der Jägerei. Vielleicht ist es gar nicht der beißende Gestank der Brandbeschleuniger für das qualmende Feuer, das der Aktion am Streckenplatz einen feierlichen Anstrich geben soll, der mir »Ewig-Gestrigem« die Tränen in die Augen treibt.

Kapitel 6

Nervenkitzel – Waidmännisch jagen oder technisch töten?

»Um 13:00 Uhr ist Hahn in Ruh«, hieß es bei der morgendlichen Begrüßung, und nach dreistündigem Ausharren auf meinem Ansitzbock entlade ich die Büchse, steige langsam die Leiter hinunter und stapfe am Rand des Moores entlang, als mich Hundelaut verhoffen lässt. Minutenlang höre ich zwei Hunde im Erlenbruch hetzen. Hin und her geht die laute Jagd. Dann gesellt sich eine dritte tiefere Stimme hinzu, es ist meine Hündin. Das Geläut wechselt in Gekeife und Gejaule. Aus dem Gewirr von Erlen, Weiden und hohem Schilf kommt zwischen giftigem Gewinsel dunkler, regelmäßiger Standlaut. Meine Hündin höre ich aus der Meute deutlich heraus.

Der Wind weht mir aus dem Bruch entgegen, und so kann ich mich dem wilden Durcheinander in der sumpfigen Wildnis zügig nähern. Nach knapp 300 Metern komme ich zu einem dichten Erlenhorst. Am Rande springt meine Hündin, giftig Laut gebend, auf und ab und lässt meinen Puls höherschlagen. Zwei Terrier erscheinen, aber genauso schnell, wie sie herausgekommen waren, verschwinden sie wieder kläffend im Gestrüpp.

Ich bin noch fünfzig Meter von dem Gewirr entfernt, halte aber die schussbereite Büchse schon fest umklammert, bereit, einen schnellen Schuss abzugeben, sollte Wild flüchten. Da bemerken mich die Hunde, werden mutiger und stürzen sich mit noch mehr Schneid in das Buschwerk. Auch meine Hündin ist verschwunden und gibt wütend Laut.

Als erneut ein Terrier mit hysterisch klingender Stimme in das verfilzte Gezweig eindringen will, erscheint dicht hinter ihm ein Überläufer, erwischt ihn mit dem Wurf, der Hund jault auf, fliegt ein, zwei Meter durch die Luft, landet wieder auf dem Boden, rappelt sich auf und ist genauso schnell wie die Sau wieder von dem dichten Gezweig verdeckt.

Der andere Terrier stürmt hinterher und verbeißt sich, als der Überläufer erneut herausprescht, an dessen linken Teller. Schon ist auch der erste Terrier wieder da. Er fährt der Sau von hinten in die Keulen, wird weggetreten, hängt aber sofort wieder an der Schwarte, fällt zu Boden, geht dem Schwein mit noch mehr Energie an den Teller, wird abermals fortgeschleudert und ist augenblicklich wieder an der Sau. Meine Hündin tänzelt mit lockerem Hals gefährlich nahe vor dem kranken Stück hin und her, lenkt dessen Aufmerksamkeit auf sich und weicht geschickt aus, wenn es einen Ausfall macht.

Obwohl ich nur zehn Meter von dem Durcheinander entfernt bin, ist es in dem Tohuwabohu unmöglich, einen sicheren Fangschuss abzugeben, den Überläufer mit der Kugel von seinem Leiden zu erlösen, ohne einen der Hunde zu gefährden. Ich lege die Büchse auf den Erdboden, ziehe das Messer aus der Scheide am Gürtel, stecke es in den Stiefelschaft und springe zu dem Gestrüpp, in das die Sau zurückgeflüchtet ist.

Drei, vier Schritte, dann stehe ich hinter ihr und kann in den Kamm greifen. Ein Terrier hängt an ihrem Gebräch, meine Hündin ist gerade abgeschlagen worden. Bevor sich der Überläufer mir zuwendet, stoße ich mit aller Kraft die Klinge bis fast zum Heft hinter sein Blatt. Kurzes Klagen, und das Drama ist beendet.

Was wäre, wenn jeder, der das »Grüne Abitur« bestehen will, ein Stück Wild mit der kalten Waffe abfangen müsste?, sinniere ich. Manchem würde das Jagdhandwerk gewiss schwer werden, wenn er einer Kreatur Auge in Auge gegenübersteht und sie mit dem Messer erlösen soll, selber töten müsste, es nicht der Technik überlassen würde. Auf 70 Meter den Abzug zu betätigen ist schließlich einfacher – die Natur kennt diese Überlegungen nicht.

Kapitel 7

Ungeklärte Anschüsse

Der junge landwirtschaftliche Gehilfe des Gutes ist mir vom ersten Augenblick unseres Kennenlernens an sympathisch und – das wird mir klar, als er mich zu meinem Ansitzbock kutschiert – er muss ein guter Psychologe sein. »Nummer 60, ein Superstand, hier hat Herr von X. im letzten Jahr zwei Stück Rotwild, eine Sau und ein Reh geschossen«, erzählt er strahlend, »und im Jahr davor fielen vor dem Sitz auch drei Stück Wild«, fügt er zuversichtlich hinzu.

Skeptisch steige ich die Leiter hinauf und mache es mir bequem. Ich erinnere den Stand am Waldrand sehr wohl. Er war mir vor einigen Jahren auf der Drückjagd schon einmal zugewiesen worden. Damals hatte ich außer zwei Rehen, die auf mehrere 100 Meter Entfernung aus dem Wald über das Feld preschten kein Wild gesehen. Ich hatte über drei Stunden im strömenden Regen ausgeharrt und den Vormittag in nicht sehr guter Erinnerung.

Im Osten sind schemenhaft die Umrisse eines Dorfes zu erkennen. Zu meiner Rechten blicke ich gegen die undurchsichtige Wand eines noch bunt gefärbten Laubwaldes. Er mag etwa 500 Meter von meinem Sitz entfernt sein, dazwischen liegt ebenfalls ein kürzlich bestellter Acker. Vor mir erstreckt sich bis zum Horizont eine grüne Fläche auf der fast kniehoch Phacelia als Zwischenfrucht gedrillt wurde. Im kommenden Jahr wird für eine begrenzte Zeit wieder ein riesiger Maisschlag dem Wild hier Deckung, Äsung und Fraß bieten.

Sollte Wild den deckungsreichen Wald verlassen und über das freie Feld flüchten, müsste der Druck der Beunruhigung durch Treiber oder Hunde beträchtlich sein. Von einem guten Stand habe ich jedenfalls andere Vorstellungen als der junge Mann. Während ich mir ausmale, woher Wild kommen könnte, wohin es versuchen würde, sich in Sicherheit zu bringen, in welche Richtungen ich schießen könnte – der Wind weht auf die Felder vor mir – fällt der erste Schuss an diesem Morgen. Kurz darauf flüchten aus dem Wald rechts Alttier, Schmaltier, Hirschkalb und ein mittelalter Hirsch auf mich zu. Der Büchsenschaft gleitet vor meine Schulter, ein kurzer Ruf, und alle vier Stücke verhoffen. Im Knall zeichnet das Kalb mit einer hohen Flucht, das Rudel dreht ab, rast davon, das Kalb folgt, wird langsamer, strauchelt nach 20, 30 Gängen und verschwindet hinter einer Bodenwelle, die ich vorher nicht bemerkt hatte. Ich hatte sofort repetiert, die Flucht durch das Zielfernrohr verfolgt, konnte aber keinen zweiten Schuss loswerden. Verunsichert lehne ich mich wieder zurück.

20 Minuten, vielleicht auch eine halbe Stunde, mögen vergangen sein, da erhebt sich vor dem Dorf in weiter Ferne ein Flug Graugänse. Ich hatte sie bereits gesehen, als ich zu meinem Stand gebracht wurde. Nun sind sie offensichtlich durch ein 10-, 12-köpfiges Rudel Rotwild hoch gemacht worden. Es trollt aus genau der Richtung auf meinen Sitz zu, bleibt in der Bodensenke verborgen und erscheint dann auf eben dem Wechsel, auf dem vorher die anderen Vier gekommen waren.

Problemlos spreche ich die Stücke durch das Zielfernrohr an, konzentriere mich erst auf einen schwachen Spießer, dann auf ein Kalb, da vollführen das Leittier und das unmittelbar folgende Schmaltier urplötzlich wahrlich akrobatische Hoch- und Seitensprünge, verhoffen dann mit tiefem Träger und bewinden den Erdboden. Die gesamte Kavalkade hat abrupt gestockt. Einige Stücke sichern unruhig zurück, andere äugen unschlüssig umher. Die Ordnung in dem Verband ist durcheinandergeraten. Die Stücke stehen so dicht beisammen, dass Schießen unmöglich ist. Am Zielfernrohr vorbei beobachte ich, dass ein Wildkalb zwei Gänge nach rechts macht, verhofft und breit steht. Nach meinem Schuss zeichnet es mit einer hohen Flucht und ist augenblicklich hinter der Bodenerhebung verschwunden. Die anderen Stücke drehen ebenfalls ab, folgen und flüchten zurück. Mehrere 100 Meter weit kann ich sie hinter der Senke durch das Zielfernrohr noch verfolgen, dann tauchen sie unter im Schutz des Waldes. Zwar erkenne ich drei Kälber, sie erscheinen aber gesund.

»Für den, der zwei ungeklärte Anschüsse fabriziert, ist Hahn in Ruh!«, hatte der Jagdherr in seiner Begrüßungsrede nach der Freigabe gesagt und eindringlich wiederholt: »Nach zwei ungeklärten Anschüssen Hahn in Ruh!«

Bei dem beschossenen Hirschkalb bin ich mir auf einmal nicht mehr ganz sicher, dass es liegt. Zweifel kommen auf. Beim Wildkalb habe ich auch nicht einwandfrei gesehen, dass es verendet ist, überlege ich und beginne zu grübeln. Beide Stücke könnten hinter der Bodenwelle im Wundbett liegen, noch nicht verendet sein. 100-prozentig sicher bin ich jedenfalls nicht.

Drei Rehe trollen aus dem Wald, reagieren aber weder auf meinen ersten leisen noch zweiten lauteren Ruf, mit dem ich das Trio zum Verhoffen veranlassen will, wie es bei den Kälbern erfolgreich war, sondern traben Richtung Dorf.

Dann tritt auf Schrotschussentfernung eine Ricke aus. Ein Kitz gesellt sich dazu. Beide ziehen, bevor ich in Anschlag gegangen bin, zurück in den schützenden Wald. Hätte ich überhaupt schießen dürfen, kommen mir nun erhebliche Bedenken, die nachdrücklichen Worte des Jagdherrn in Erinnerung. Abgesehen davon, es gehört sich nicht, den Moralapostel zu spielen, und dann selber schwach werden – und überhaupt, Selbstüberschätzung, Unbescheidenheit und Gier sind schlimme Begleiter auf der Jagd, ärgere ich mich über mich selber. Kurz darauf erscheint ein Bock. Ich pardoniere ihn.

Kolkraben rufen. Vier von ihnen streichen näher, drehen über mir einige Runden und rudern, als sie mich wahrnehmen, schwerfällig wieder fort. Kreisende, ihre Artgenossen warnende oder herbeilockende Raben sind Indiz, dass dort etwas liegt, Atzung zu erwarten ist, aber ist das immer ein sicheres Zeichen? Sind die Wotans Vögel auch jetzt zuverlässige Verweiser?

Meine Überlegungen werden abermals unterbrochen. Hinter mir im Wald, offenbar an meinem Nachbarstand, fällt ein Schuss. Giftiger Hundelaut unterbricht die Stille. Dann klagt eine Sau - minutenlang. Die intensiven, schrillen Schreie, unvermeidbare Begleitmusik einer Drückjagd, gehen durch Mark und Bein. Endlich, wie eine Erlösung, ein zweiter Schuss, und es herrscht wieder Stille. Offensichtlich wurde das Problem gelöst, zu einem glücklichen Ende gebracht, die Sau liegt. Der Schütze braucht sich keine Gedanken mehr über einen ungeklärten Anschuss zu machen.

In meine gedankenvollen Überlegungen schleicht die Erleuchtung: Ich erhebe mich von meinem Sitz um weiter sehen zu können und starre durch das Fernglas zu den vermeintlichen Anschüssen. Nichts Auffälliges ist zu entdecken. Meine Blicke wandern nach dort, wo ich die Stücke aus den Augen verloren habe. Nichts, keine dunkele Erhebung in dem niedrigen Bewuchs, nicht einmal die Spur eines Schattens mache ich aus. Doch dann habe ich eine zweite Eingebung an diesem trüben Vormittag: Um weiter sehen zu können, stelle ich mich auf das Sitzbrett, recke mich so hoch ich kann, und erfasse die Umrisse der beiden Kälber. 20 Meter voneinander entfernt liegen sie auf dem ausgetretenen Wechsel in der grünen Saat. Eins nur 20 Meter vom Anschuss entfernt, das andere exakt dort, wo das zweite Rudel abrupt verhofft hatte. Nun wird mir auch das bis dahin unerklärliche Verhalten des Leittieres klar. Es war auf der Flucht fast über den verendeten Artgenossen auf dem Wechsel gestolpert.

Erleichtert setze ich mich wieder. Die Angelegenheit ist entschleiert – keine ungeklärten Anschüsse – die Jagd kann weitergehen.

Kapitel 8

Zwei Mal Joseph v. Eichendorff

Nieselregen, diesig, windig, keine guten Aussichten für eine erfolgreiche Jagd, bzw. eine hohe Strecke. Trotzdem war ich voller freudiger Zuversicht, als ich ins Auto stieg, um zur Drückjagd in den Sachsenwald zu fahren.

Es ist noch dunkel, als ich zum Treffpunkt komme. Nach und nach trudeln auch die letzten Jäger und Jagdhelfer ein, schlürfen Kaffee und starren schweigend in das wärmende Feuer. Von übermäßiger Begeisterung, wie normalerweise vor einer Drückjagd, keine Spur.

Während sich die wenigen Hunde von der miesen Witterung nicht beeindrucken lassen, ungestüm und Rute wedelnd Neuankömmlinge begrüßen, wird die Laune bei den zweibeinigen Jagdhelfern nicht unbedingt ausgelassener, und als ich höre, ein Hundeführer mit seiner Meute sei ausgefallen, sinkt auch meine Zuversicht.

Zwischen einer Gruppe von fünf weiteren Jägern sitze ich dann auf einem Anhänger, um zu den Ständen gebracht zu werden. »Ich habe schon geladen, sicher ist sicher,« witzelt einer, um die Stimmung aufzuheitern, während mein Gegenüber nervös versucht, das winzige Zahlenschloss seines Gewehretuis zu öffnen. Hilflos schaut er in die Runde, widmet sich wieder dem kleinen Schloss und blickt dann erleichtert auf. »Geschafft!« Grinsend öffnet er den Reißverschluss.

Der Schütze neben mir krault seinen Terrier und fragt seinen Nachbarn, dessen Kleine Münsterländerin den ersten Preis auf einer Ausstellung gewonnen hat: »Was gibst du ihr denn vorher zu fressen?« »Etwas Trockenfutter und ein rohes Ei«, ist die Antwort. »Und du?«, »Meiner bekommt ein Glas Whisky.«

»Hat der denn schon mal einen Preis gewonnen«, wird er gefragt. »Nee, aber dafür ist er immer der lustigste.« Verkrampftes Gelächter. Die Stimmung auf dem Wagen steigt, je näher wir unseren Ständen kommen.

Mein Drückjagdbock steht in einem Buchen Altholz. Eingesprengt in den mehrere Hektar großen Bestand sind wohl von Hähern dorthin gepflanzt mehrere Eichen. Sie stehen noch voller Laub, wohingegen die Buchen einen Großteil ihrer Blätter schon abgeworfen haben. Auf meinem kurzen Weg zum Ansitz stiefele ich durch einen braunen raschelnden Laubteppich.
In alle Himmelsrichtungen habe ich bis zu 200 Meter Sicht und fast unbegrenztes Schussfeld. Konzentration, Aufmerksamkeit und Beweglichkeit statt Träumen sind angesagt, hauptsächlich Stehen statt gemütlich vor sich hin Dösen, um drei Stunden lang 360 Grad fast gleichzeitig im Auge zu behalten.

Nach dem ich mit mir und der Natur alleine bin, die prophylaktischen Anschlagübungen gemacht und mich kurz gesetzt habe, quälen sich einige Sonnenstrahlen durch die tief hängenden, regenschweren, dichten Wolken. Sie tauchen die Umgebung, den gesamten Laubwald in ein wunderbar goldgelb leuchtendes Panorama. Zwei knorrige Lärchen heben sich mit ihrem strahlenden Glanz besonders hervor. Ein beeindruckendes Aufblühen kurz bevor auch ihre Nadeln fallen und den Weg alles Irdischen gehen werden. Ich denke – als ich fast berauscht dieses Farbspektakel in mir aufnehme – unwillkürlich an die Passage aus »Aus dem Leben eines Taugenichts« von Joseph v. Eichendorff: »Mir aber war's wie Sonntag im Gemüte.« Meine Stimmung klart mit dem Himmel um die Wette auf.

Streicht ein Windhauch durch die Kronen der hohen Buchen, rieseln torkelnd trockene Blätter, hin und her taumelnd, schwerfällig auf den Erdboden. Die alten Bäume erscheinen zwar fast kahl, aber die Herbststürme haben längst noch nicht alles von der einstmals grünen Pracht von den Zweigen reißen können. Bei jedem Windstoß geht zartes Rascheln durch den Bestand als nähere sich Wild und steigert meine Spannung. Jedes Mal umfasse ich dann den Schaft der Büchse fester, jedes Mal sinkt nach aufregenden Augenblicken das Gewehr wieder zurück auf meine Oberschenkel.

Ein Kleiber warnt, ein zweiter stimmt in das Konzert ein. Kleiber sind die einzigen Vögel in unseren Breiten, die das Klettern kopfabwärts beherrschen. Aussehen und Lebensweise erinnern an Spechte und Meisen. Im Volksmund heißen sie deshalb auch Spechtmeisen. Ruckartig klettern die beiden um den Stamm einer Buche herum, rauf und runter, auf der Suche nach allerlei Kerfen. Hier, in den alten Buchen finden sie genügend von Schwarzspechten gezimmerte Bruthöhlen, deren Eingänge sie nach ihren Bedürfnissen verändern können.

Da! Treiberrufe! Immer lauter, immer erregter: Sau! Sau! und dann eine Bewegung zu meiner Rechten! Ein einzelnes Schwein trollt nicht besonders eilig davon. Es hatte auf seinem Wechsel jeden Stamm, jeden Busch so geschickt als Deckung genutzt, dass ich es erst jetzt wahrnehme. Überläufer registriere ich, gehe ruhig in Anschlag und habe es augenblicklich im Absehen meines Zielfernrohres.

50, vielleicht auch 60, Meter, weiter entfernt ist er auf keinen Fall, da zeigt der Stachel der Optik vor das Blatt. Der Schuss peitscht durch den Bestand. Die Sau strauchelt, dreht um 90 Grad ab, flüchtet langsamer werdend weiter, so verdeckt durch die Buchenstämme, dass ich kein zweites Mal zu Schuss komme, und wieder einmal mischt sich bei mir – ewiger Zwiespalt der Jagd – Freude mit schlechtem Gewissen. Meine Blicke verfolgen das Stück zwar weiter durch das Zielfernrohr, aber keine Chance für einen zweiten Schuss. Da wird die Sau noch langsamer, verschwindet hinter einer dicken Buche und taucht nicht wieder auf. Ich lasse die Stelle nicht aus den Augen, beobachte sie durch das Zielfernrohr. Kein Schlegeln, überhaupt keine Bewegung nehme ich mehr wahr. Erleichtert setze ich mich schließlich, stiere durch das sechsfache Fernglas und mache nach längerem Spekulieren die dunklen Umrisse einer Sau aus. Doch je länger ich zu meiner Beute starre, desto mehr Zweifel kommen mir. Ein starker Überläufer, registriere ich. Seine dunkle Schwarte hebt sich kontrastreich gegen das goldgelbe Herbstlaub ab. Ist es vielleicht gar kein Überläufer, sondern ein mehrjähriges Stück?

Irgendwo bellt ein Schuss. In den Wipfeln der Buchen warnt wieder ein Kleiber. Im Nu stimmt ein weiterer in das Schimpfkonzert ein. Jede Sekunde erwarte ich Wild. Da erscheint ein Treiber. »Dort rechts hinter der dicken Buche liegt ein Überläufer«, rufe ich ihm zu. Der Mann grölt etwas Verworrenes zurück, stolpert nach links dreht sich nach mir um, breitet die Arme aus und schreit: »Hier ist nichts.« »Zur anderen Seite«, reagiere ich, »30 Meter«, und zeige in die Richtung, in die er gehen muss, um zu der Sau zu gelangen. Er hat keine große Lust, ist wahrscheinlich müde und träumt eher davon ein kühles Bier zu trinken als ein Schwein aus dem Wald zu schleppen. Doch dann murmelt er wieder etwas für mich Unverständliches, geht Richtung Buche und bückt sich hinter dem dicken Stamm.

»Mann oh Mann, ist das `ne fette Sau, die hat bestimmt über 'n Zentner, da müssen drei, vier Männer kommen und helfen, das schaffe ich alleene nich«, höre ich ihn stöhnen, dann stolpert er fort.

Eine Viertelstunde lang, bis zum vereinbarten Zeitpunkt für das Ende des Drückens, muss ich noch auf meinem Sitz ausharren und betrachte meine Beute durchs Fernglas. Je länger ich aber durch die sechsfach vergrößernde Optik zu dem Schwein gaffe, desto verunsicherter werde ich. Habe ich wirklich einen Überläufer geschossen oder ist es ein mehrjähriger Keiler? Die Minuten, die bisher von Spannung ausgefüllt, wie im Fluge rasend schnell davonflogen, verrinnen nun sehr langsam, ich gewinne den Eindruck, die Sau wird immer stärker.

Schließlich ist die Zeit gekommen, ich darf meinen Sitz verlassen, und dann entscheidet der Blick in den Unterkiefer, ob ich mich über meine Beute freuen darf oder nicht – diesmal ist das Glück auf meiner Seite. Noch einmal kommt mir Eichendorffs Taugenichts in dem Sinn: »Und es war alles, alles gut.«

Kapitel 9

Jagen ist kein Wunschkonzert

Es war ein Erlebnis, das ein bisschen – oder sollte ich sagen »a bisserl« – an ein melancholisches Wiener Lied erinnert: »Es geht nun mal im Leben so mancherlei verkehrt, der eine, der kann reiten, der and're hat das Pferd.« Manchmal passt eben nichts zusammen, das eine, was man will, das andere, was man darf, und das, was man muss.

Auch wenn die Frühjahrsjagd auf Schnepfen bei uns nicht mehr erlaubt ist, ist der Schnepfenstrich für mich immer noch ein Höhepunkt des Jagdjahres.

Ältere Jäger kennen noch die christlichen Sonntage der Fasten- und Osterzeit von der alten Spruchweisheit über den Schnepfenstrich:

Reminiscere, putz die Gewehre;
Oculi, da kommen sie;
Laetare, das ist das Wahre;
Judica, sie sind noch da,
Palmarum, trallarum,
Quasimodogeniti –
halt, Jäger halt, jetzt brüten sie!

Bei jüngeren Jägern hat der Sinnspruch über den Vogel mit dem langen Gesicht an Faszination verloren, ich aber erst halte mich noch an gewisse alte Termine, schieße keinen Rehbock vor dem 16. Mai und gehe auch von Okuli bis Quasimodogeniti mit meinem Hund hinaus ins Revier.

Von Februar bis April sind seit dem Verbot der Frühlingsjagd auf Schnepfen viele Reviere »jägerrein«. Erst danach tummeln sich bis Ende Januar wieder zahlreiche grüne Geländewagen mit ihren ebenfalls grün gekleideten Insassen in deutschen Jagdrevieren und sorgen für Ordnung.

Ich bin allerdings im ausgehenden Winter abends für meine Jagdfreunde, die sich eine jägerliche Fastenzeit gönnen, selten erreichbar, ziehe noch mit meinem Hund hinaus zum Schnepfenstrich, auch wenn ich bei vielen Waldmännern Unverständnis ernte. »Die darf man doch gar nicht mehr schießen«, muss ich mir anhören. Ja, was man nicht schießen darf, ist in den Augen mancher jagdlicher Zeitgenossen nichts wert.

Dass ich eine Waffe mitnehme, als ich mit der Büchse über der Schulter an die große Schilffläche gehe, die sich an den braunen, noch verwaisten Viehweiden entlang zieht, um auf Schnepfen zu warten, ist wohl eher Gewohnheit.

Ohne weitere Deckung stelle ich mich unter eine hohe Erle und versuche, das Puitzen oder Quorren zu vernehmen, aber noch ist es zu früh, als dass die braunen Frühlingskünder sich aus ihrem Lager erheben, um ihren Balzflug anzutreten. Rechts steht eine einsame Birke, deren rötliches Gezweig schon von einem grünen Hauch übertönt wird. Als im Frühling erste blühende Bäume bei uns, kommt bei ihr mit jedem neuen Blatt, jeder Blütenknospe mehr Gewissheit über das Ende der dunklen Jahreszeit.
Ein Rotkehlchen singt. Kraniche rufen. Ein einsamer Zitronenfalter gaukelt über das kurze, trockene Gras. Für die sonst nicht müde werdenden Amseln und Singdrosseln, die üblicherweise die Stimmung während des Schnepfenflugs bis in die Dunkelheit untermalen ist hier auf den weiten Wiesen kein begehrter Lebensraum. Dafür schwirrt ein Flug Rotdrosseln, die kleinen Cousinen der Singdrosseln, vorüber. Sie haben sich offensichtlich auf ihrer Reise nach Skandinavien verspätet.

Im vergangenen Jahr beobachtete ich hier zwei Braunkehlchen. Aufrecht saßen sie auf zwei Zaunpfählen, musterten aufmerksam ihre Umgebung, verließen ab und an ihre Ansitzwarte, erbeuteten zielgenau ein schwirrendes Insekt in der Luft und saßen wenig später wieder regungslos auf ihrem Pfahl.
Braunkehlchen sind selten geworden. Viele Jäger kennen ihre Laute nur noch von Vogelstimmenkassetten. Wiesen, bevorzugte Lebensräume der hübschen Vögel, gibt es noch genügend, sie werden aber zunehmend in trostlose Maisäcker umgebrochen. Es besteht trotzdem kein Mangel an Grünland, aber das meiste dient der schnellen Produktion von viel Gras. Intensive Düngung und drei-, viermaliges Mähen halten nur wenige Pflanzen- und Insektenarten aus. Statt wimmelnder Vielfalt eintöniges Grün, kein Platz mehr für Blüten und Braunkehlchen.
Früher, ja früher, da störte der Knall eines Schrotschusses manchmal die abendliche Stille, heute bleiben viele Jäger zu Hause, das ändert sich erst mit dem Aufgang der Bockjagd, dann unterbrechen landaus, landein wieder Büchsenschüsse die abendliche Stille.
Allmählich schleicht sich auf leisen Sohlen die Dämmerung heran.

Drei Rehe, Ricke, Schmalreh sowie Jährlingsbock, alle struppig und grau, treten hinter uns aus dem Reetdickicht. Vertraut, als gäbe es weit und breit keine Menschen, ziehen sie bis auf die Mitte der Weiden. Ein wohltuender, friedlicher Anblick. Ich will mich nicht mit Ideologen und Nimroden, die wenig jagdliche Erfahrung haben, auf eine Stufe stellen. Diesen unerfahrenen Jährling, nach unseren Gesetzen war er vor drei Wochen noch ein Kitz, zu liquidieren, wäre keine Herausforderung, keine Heldentat, wäre nicht Jagen, wäre kunstloses Töten.
Plötzlich werfen alle drei auf. »Ein Wolf? Isegrim sorgt schließlich seit mehreren Monaten für Unruhe im Revier. Das Böckchen entfernt sich, und auf demselben Wechsel, auf dem die Rehe erschienen waren, kommt ein weiteres Stück.

Ich brauche mein Glas nicht vor die Augen zu heben, ein Bock mit hohem Gehörn und sechs blanken, weißen Enden. Behutsam streiche ich mit der Büchse am Stamm der Erle an, und der Blick durchs Zielfernrohr bestätigt, dass es längst kein Jüngling mehr ist. Aufreizend langsam zieht er zu dem kleinen Sprung, sichert ab und an zurück, und jedes Mal, wenn er breit verhofft, füllt er fast das gesamte Sichtfeld meines Absehens aus, doch schließlich lasse ich die Büchse sinken und hoffe auf ein Wiedersehen nach dem 16. Mai, wenn seine Decke rot ist. Vertraut verschwinden die Rehe schließlich auf der anderen Seite der Weiden im 300 Meter entfernten Kiefernwald. Dunst zieht über die Wiesenfläche. Der Wind weht vom Schilf zu mir herüber.

Da! Das lange, sehnlich erwartete Quorren. Freudig folgen meine Blicke den beiden Schnepfen dicht über mir im trüben Abendhimmel, bis die Frühlingskünder wieder verschwunden sind. Nach einer Viertelstunde kommen sie zurück, erneut wandern meine Blicke erfreut zum Himmel.

Der Stand an der über zehn Hektar großen Schilfwildnis, nur unterbrochen von einigen kleinen Erlen- und Weidenhorsten, ist gut gewählt. Eigentlich kein Brutbiotop und auch kein Lebensraum, den Schnepfen normalerweise für ihre Balzflüge schätzen, aber hier habe ich sie Jahr für Jahr bis in den Juni streichen sehen und ihren Rufen gelauscht, habe sogar schon einmal eine Dublette hier geschossen, »sweet memorys«. Die Flinte steht im Schrank, ich muss mich dem Zeitgeist beugen.

Wenn ich angestrengt lausche, vernehme ich das leise Rauschen des Schilfes, sonst keine Geräusche, die Natur verabschiedet sich bereits vom Tag, bereitet sich auf die Nachtruhe vor.

Nachdem ich gut eine Stunde am Stamm angelehnt gestanden habe, setze ich mich, um die letzten 20 Minuten bis zum endgültigen Schwinden des Büchsenlichts, Uhlenflucht, wie die Alten diese Zeit zwischen Hell und Dunkel, zwischen dem Ende des Tages und dem Beginn der Nacht, nannten, entspannter zu genießen.
Während ich meinen Gedanken nachhänge, erhebt sich meine Hündin, blickt starr gegen die dichte, braune Schilfwand, dann auffordernd zu mir, und ich vernehme leises Rascheln, unterbrochen von Quietschen und Schmatzen. Als ich mich erneut dem Schilf zuwende, stehen an der Grenze zwischen Ried und Grünland zwei reglose Schatten, Sauen! Es ist schon dämmerig, ich kann auf 70, 80 Gänge mit bloßem Auge nicht genau erkennen, ob sie zu mir her sichern, doch da kommt Bewegung in die beiden Silhouetten. Sie verlassen die Deckung, und es folgen drei, vier, fünf muntere Frischlinge. Zehn Kilogramm mögen sie wiegen, stelle ich beim Blick durch das Fernglas fest. Amüsiert beobachte ich, wie sie ausgelassen herumtoben, während die Bachen vertraut brechen und näherkommen. Als sie noch knapp 40 Gänge entfernt sind, betritt ein weiteres Stück, ein schwächeres, ein Überläufer, die Bühne, und ich registriere, dass er vorne links schont.
Minutenlang wartet er am Schilfrand und folgt dann den anderen. Er zieht aber nicht, wie seine Artgenossen, er humpelt, quält sich mühselig vorwärts. Zwei ungelenke kurze Sprünge, längeres Verhoffen, und wenn er sich wieder mit zwei, drei schwerfälligen Hopsern einige Meter vorwärts geschleppt hat, verharrt er mit krummem Rücken, bevor er versucht, seinen Artgenossen erneut zu folgen. Die brechen mittlerweile so vertieft, dass sie nicht merken, wie ich langsam zur Büchse greife und auf meinen Knien auflege. Gegen die helle Schilfkulisse reicht das schwindende Dämmerlicht allemal zum sicheren Ansprechen und Schießen. Eine ganz zarte Bewegung des Zeigefingers, und schon leckt das Mündungsfeuer nach der Sau. Der Rest der Rotte geht erst ab, als der laute Knall den vermeintlichen Abendfrieden zerstört hat und kurz darauf die Welt um mich herum wieder still ist, als wäre nichts gewesen.

Ja, manchmal geht's im Leben nicht so, wie man will, auf der Jagd schon lange nicht: Einen Bock wollte ich nicht – eine Schnepfe durfte ich nicht – einen Überläufer musste ich schießen. Es geht nun mal so mancherlei verkehrt.

Kapitel 10

Entfernungsmesser überflüssig

Früher brachte ein Mann aus dem Nachbardorf seine Bienenkörbe jedes Jahr »in die Heide«, so hieß ein Revierteil unseres Gutes. Die »Immen« fanden dort in dem üppig blühenden Heidekraut über den Sommer Nektar im Überfluss, und als »Mietzins« dafür bekam meine Mutter im Herbst ein paar Gläser Honig. Die Heide gibt es nicht mehr. Die Zeiten, in denen Wanderschäfer mit ihren Schnucken dafür sorgten, dass sich durch die Schafe kaum anderer Bewuchs als »Erika« entwickelte, sind vorüber. Naturverjüngung wuchs heran, Aufforstungen kamen hinzu, es erinnert lediglich der Name »die Heide«, für diese einstmals urtümliche Fläche, auf der heute Kiefern aller Altersstufen, vereinzelt Birken und einige kümmerliche Fichten stehen.

Ich war beim ersten Licht dorthin gepirscht und hatte es mir auf einem umgefallenen Baumstamm gemütlich gemacht. Nacht und Morgen rangen noch eine Weile miteinander, bis die Helligkeit das Dunkel in die Dickungen verdrängte, die Sonne den Wald mit Licht und Farben erfüllte. Dann brachten endlich Vogelstimmen Leben in das frühmorgendliche Schweigen. Lediglich ein Jährling hatte unbekümmert zwischen den jungen Kiefern geäst, zog dann vertraut am Rand der Schonung entlang und verschwand.

Mittlerweile ist es früher Vormittag. Einen reifen Bock werde ich hier wohl nicht finden, überlege ich und schlendere, während ich Pläne für den Abendansitz schmiede, auf dem breiten Sandweg nach Hause. Da flüchtet ein Reh über den Weg, reißt mich aus meinen Gedanken und verschwindet schreckend in der Heide. Es waren nur wenige Augenblicke, in denen ich es gesehen hatte, aber auf die kurze Entfernung hatte ich ein weißes Gesicht und kurze Stangen zwischen den Lauschern erkannt.

Abrupt verharre ich, lausche reglos mit angehaltenem Atem und ärgere mich maßlos über meine Unachtsamkeit, während, fast höhnisch, ständiges Schrecken von der Heide herüberklingt.
Vorsichtig prüfe ich den Wind, pürsche dann zwanzig, vielleicht auch nur fünfzehn Meter weiter, bis es direkt von dort, woher ich das ärgerliche »Böh! Böh!« vernehme, zu mir her weht und schrecke ebenfalls. Stille. Keine Antwort.
Behutsam setze ich Fuß vor Fuß und schleiche in dem unübersichtlichen Kiefernbestand langsamer als im Zeitlupentempo Schritt für Schritt weiter. Sicht habe ich höchstens zehn Meter. Nachdem ich mich ein paar Meter vom Weg entfernt habe, verharre ich wieder bewegungslos und reize mein unsichtbares gegenüber erneut – Böh!, Böh!

Vor mir bricht es. Undefinierbare Geräusche, aus denen ich mir keinen Reim machen kann, kommen aus dem dichten Bewuchs, doch dann besteht kein Zweifel: Obwohl ich keine auch noch so kleine Bewegung wahrnehmen kann, lediglich zwei zirpende Kohlmeisen bringen mit gewandten Turnübungen Unruhe in die Kiefernäste, bin ich sicher, ein Bock plätzt und fegt da nur wenige Meter vor mir.

Vorsichtig bewege ich mich zwei Schritte in seine Richtung. Zweige streifen rauschend an meiner Jacke entlang. Furchtbar laut kommt es mir vor, aber den Bock stört es offenbar nicht. Das Krachen und Poltern lassen jedenfalls nicht nach. Ich wage weitere drei Schritte. Da herrscht wieder Stille. Ich stehe mucksmäuschenstill und halte den Atem an. Noch einmal prasselt es, und ich kann mich wieder vorwärts wagen. Angestrengt versuchen meine Augen die dichte Wand vor mir zu durchdringen, doch der Wald gibt sein Geheimnis nicht frei. Da zittern Zweige, kurz darauf schwankt ein Bäumchen wild hin und her.

Zwei Schritte mache ich noch und gehe dann in die Knie. Den Kolben der Büchse an die Wange gedrückt, erblicke ich durch das Zielfernrohr, allerhöchstens zehn Meter vor mir, schemenhaft ein Reh. Dass es ein Bock ist, kann ich lediglich vermuten.

Wieder quälende, ungewisse Ruhe, gefühlte drei Minuten lang gespanntes Warten und Starren bei erhöhter Pulsfrequenz. Dann schlägt wenige Gänge vor mir die kleine Kiefer erneut stürmisch von einer Seite zur anderen, als würde sie von einer unsichtbaren Macht geschüttelt. Der Bock bearbeitet das unschuldige Bäumchen ohne Pause, ist so in Rage, dass er, kaum zehn Gänge entfernt, nicht wahrnimmt, wie ich zwei Meter weiterkrieche und wieder in Anschlag gehe.

Im Schuss erkenne ich eine hohe Flucht, und nachdem ich mich durch das Gewirr der niedrigen Stämme die wenigen Schritte zu ihm hingearbeitet habe, knie ich vor einem alten, längst zurückgesetzten Spießer.

Zufrieden setze ich mich neben den Gestreckten, kann aber nach kurzer Zeit meine Neugierde nicht mehr zügeln. Mit dem Zeigefinger taste ich die Zahnreihen entlang und muss dann an die Passage in einem Buch von Herrmann Löns denken, als der endlich, nach mehreren Jahren den uralten Birkhahn »auf dem Bullerberge« erlegt hatte. »Mein Gott, er ist noch älter als ich dachte«, schrieb der Heidedichter, »ich glaube, ich muss ihn jemandem schenken, den ich nicht leiden kann«.

Kapitel 11

Ein ganz besonderer Feger

Es sah tatsächlich so aus, als triebe in der Abteilung 30 eine ganze Herde Rehböcke ihr Unwesen, wie mir die beiden Jogger berichteten. Den Männern war bei ihren Dauerläufen aufgefallen, dass kaum ein Busch oder Bäumchen, kaum ein Strauch oder eine Staude nicht von Rehbockattacken verschont geblieben waren.

Auch ich hatte in dem schmalen Waldstreifen zahlreiche Plätz- und Fegestellen gefunden. Von den Ebereschen, Holunderbüschen und Tollkirschen war kaum eine verschont. In langen Streifen und dünnen Fasern hängt die Rinde an den dünnen Stämmen hinunter, sogar harzige Kiefern sind nicht verschont worden. Hier hatte ein ganz Besonderer der Gattung capreolus seinen Einstand gewählt, und seine »Kapriolen« gemacht. Im Mai und Juni widmete ich mich daher mehrfach dem Jagen 30, der Revierteil schien aber wie ausgestorben. Zu Peter und Paul, 29. Juni, werden die Böcke faul, heißt es in einer alten Jägerweisheit, ich verschonte die Abteilung 30 mit meinen Pirschgängen. Erst zu Beginn der Rehbrunft versuche ich es erneut und kaure zur dummen Stunde bei Westwind in einem Knick am Rand des Einstands des »Unholds«.
Auf mein Blatten antwortet ein Mäusebussard, so ausdauernd, so penetrant, dass ich glaube, mich im Ton vergriffen zu haben. »Miää, iä!« klingt es aus den hohen Kiefern. Der Katzenadler oder Mäusefalke, wie seine altdeutsche Bezeichnung ist, macht dem Namen alle Ehre, nach der vierten Blattarie beende ich meine Bemühungen und werfe das Handtuch, resp. das Buchenblatt.
Am nächsten Morgen schleiche ich nach dem Hellwerden behutsam um das Gehölz herum bis ich es fast umrundet habe und meine Pirsch wegen des Windes abbrechen muss. Immer wieder konnte ich vom Rand aus weit in den Bestand sehen, Rehwild entdeckte ich aber nicht, auch nicht, nach dem ich mich noch einmal mit dem Buchenblatt bemühe. Trotz der vielversprechenden Fegestellen gebe ich frustriert auf, beschließe, mich den Feisthirschen zu widmen.

Den Abend am 31. Juli will ich auf dem Dreieckssitz an der Falkenbahn in der »Horst« verbringen. Dort hatte ich Hirsche gefährtet und die Abteilung dann gemieden, um die heimlichen Nachtgespenster nicht zu vertreten.

Auf der offenen Kanzel habe ich schon viele hundert Male gesessen und glaube so ziemlich jeden Quadratmeter der Umgebung zu kennen. Trotzdem gibt es immer Neues zu entdecken. Am Boden finde ich, als ich mit dem Stiefel behutsam moderndes Laub bei Seite schiebe, zwei oxidierte Patronenhülsen. Mein Bruder hatte im vergangenen Herbst von hier aus Rottier und Kalb geschossen.

In einer Fensterluke werden Reste eines einstmals riesigen Spinnennetzes hin und her geweht. Spinnen fressen pro Tag etwa 15 Prozent ihres eigenen Körpergewichtes. Ein Jahr ohne die langbeinigen Krabbeltiere würde dazu führen, dass der Erdball zehn Zentimeter hoch mit Insekten bedeckt sein würde, hatte ich kürzlich gelesen, und als ich endlich auf dem schmalen Holzbrett sitze, entdecke ich in der rechten Ecke unter dem Dach einen »Blätter-Moos-Ball«, das Nest eines Zaunkönigs. Ob es jemals als Brutquartier genutzt wurde, ist nicht zu erkennen, es ist ja längst verlassen, vielleicht war es nur eines von seinen Nebenquartieren, die der höchstens zehn Gramm schwere Winzling angelegt hat.

Beobachten, Hoffen, Warten, dann Meditieren und schließlich Träumen, so vergeht der stimmungsvolle Abend auf dem Sitz, bis sich kalter Dunst durch die Bestände schleicht, das Licht schwächer wird, und ich ihn verlasse.

Mit Diva, meiner Hündin, die geduldig unter der Leiter gesessen hatte, schlendere ich zu meinem Schlafplatz unter einer mir besonders ans Herz gewachsenen, imposanten Kiefer, wickele mich in meine Wolldecke und erwarte in dem Tausendsternehotel unter freiem Himmel den Sonnenaufgang.

Meine Strategie, das Feisthirschrudel zu überlisten, es zumindest zu Gesicht zu bekommen, geht aber auch am Morgen nicht auf. Fröstelnd, taudurchnässt sitzen Diva und ich an dem breiten, zugewucherten Waldweg, den die Hirsche normalerweise auf dem Rückwechsel in den Tageseinstand queren. Lediglich drei Stück Kahlwild ziehen vorbei.

Während ich erwartungsvoll, angestrengt lausche, gespannt nach erhofften Bewegungen spähe, hat sich Diva zusammengerollt. Sie schläft, als hätte sie erkannt, dass nicht mehr mit Wild zu rechnen ist, und schließlich gebe auch ich auf. Kein Rotwild, kein Rehwild, kein Häher, kein Hase, kein Fuchs und keine Fliege, das Revier erscheint wie ausgestorben. Der kleine Uhrzeiger steht bereits auf der Neun. Die Augenlider werden immer schwerer.
Unschlüssig, ob ich die Familie besänftigen, also zum Brötchenkaufen und anschließend nach Hause fahren oder Abfährten soll, beschließe ich, den versäumten Schlaf nachzuholen. Langsam rollt der Wagen zum Jagen 30, an dessen Rand ich neben einer knorrigen Eiche so manches Mal genächtigt und kürzlich geblattet hatte.

Auf dem Grenzweg rumpelt mir ein Geländeauto entgegen. Laut klappern zwei Eimer auf der Ladefläche des Anhängers durcheinander. Der Reviernachbar fährt, ohne mich eines besonderen Blickes zu würdigen, vorüber. Mit seinem Vorgänger traf ich mich oft, wenn wir vom Abfährten kamen. Abfährten – die Kunst, mit Hilfe des Hundes Wild nach dem Fährtenbild zu bestätigen, zu finden und zu bestimmen, wird von der jungen Generation kaum noch gepflegt, Kirren, Anfüttern ist stattdessen angesagt.

Ich bin todmüde. Den würzigen Geruch der Brennnesseln, der Kamille und des Geißblattes – die Heidjer nennen die intensiv duftende Pflanze Jelängerjelieber – sowie weitere Sinne betörende Düfte nehme ich kaum noch wahr, als ich in dem frischen Gras liege. Während Diva sich unermüdlich im Kreis dreht und ein Lager in den frischen Bewuchs tritt, bin ich eingeschlafen.

Als nach einer, vielleicht auch zwei Stunden die Sonne ein gutes Stück weitergewandert ist, die Strahlen zwischen den Kronen des alten Baumes ihren Weg auf den Erdboden finden, mein Gesicht kitzeln, wärmen und blenden, wache ich auf. Genüsslich atme ich die Gerüche meiner Umgebung tief in mich ein, versuche zwischen süß und sauer, herb, hold oder bitter zu unterscheiden, recke mich wohlig, schaue zufrieden

in den blauen Himmel. Ich bin unendlich dankbar, allein zu sein mit der Natur, ihren Tieren und Pflanzen, dem Sand und den Steinen, dem Wasser und der Luft; bin froh über die Gewissheit, in den nächsten Stunden keinem Menschen zu begegnen. Diva schielt zu mir her, bleibt aber unbeeindruckt liegen.

Als ich mich aufrichten will, steht kaum 70 Gänge entfernt ein Reh. Fast ungezählte Morgen und Abende habe ich hier verbracht, nie ein Stück gesehen, nun glaube ich an eine Täuschung, sinke aber geistesgegenwärtig in mich zusammen und liege wieder auf dem Erdboden.

Diva sitzt neben mir, aufmerksam, gespannt, diszipliniert, perfektes Zusammenspiel aus Ausbildung sowie gemeinsamer Jagderfahrung. Ich hatte in den wenigen Momenten nicht bemerkt, wie sie sich erhoben hatte, war zu sehr auf das Reh konzentriert. Ganz besonders vorsichtig rolle ich mich auf die Seite, hebe im Zeitlupentempo den Kopf und spähe über das Gras. Was ich als eine Halluzination wähnte, ist tatsächlich ein Rehbock. Sehr alt ist er nicht, gewiss aber kein Jährling.

Zentimeter um Zentimeter sinke ich erneut bedächtig ins hohe Gras zurück, angele vorsichtig nach der neben mir liegenden Büchse, lege behutsam die Sicherung herum, ziehe, so gut es im Liegen eben geht, den Schaft vor die Schulter, halte die Waffe mit der rechten Hand am Pistolengriff, drehe mich so, dass die Mündung Richtung Bock zeigen müsste und stütze mich dann mit dem linken Ellenbogen unendlich langsam hoch, bis ich über das üppige Grün lugen kann. Schließlich sitze ich. Der Bock steht noch an derselben Stelle und zeigt mir den Spiegel, Haupt, geschweige denn Gehörn, sind nicht zu sehen.

Als ich das Reh mit einer Kopfverrenkung, die jedem Waldkauz Ehre gemacht hätte, anvisiere, wird es unruhig, wendet sich mir zu und steht breit. Im Absehen des Zielfernrohres erkenne ich ein kümmerliches Gehörn, aber auch, dass der Bock in allerhöchster Alarmbereitschaft ist. Lange kann ich in der verdrehten Körperstellung nicht verharren, mein Zeigefinger schleicht zum Abzug und krümmt sich.

Zwei Augenpaare folgen dann dem davon stürmenden Reh, hinter dem sich nach wenigen Fluchten die schützenden Zweige des dichten Unterwuchs‘ schließen.

Beruhigend rede ich auf meine Hündin ein, bin aber genauso ungeduldig wie sie und warte nicht einmal eine Zigarettenlänge, bis wir zum Anschuss gehen und dann der breiten Schweißfährte folgen. Nach dreißig Metern entdecke ich den Bock in dem Himbeergestrüpp. Diva hängt augenblicklich an seiner Drossel.

Ein schneller Griff zum Messer, kurzes, kraftloses Aufbäumen, dann ist letztes Leben aus dem geschundenen Wildkörper gewichen, das »Drama« beendet, und ich knie neben dem alten Spießer, es war sein fünfter oder sechster Sommer.

Kapitel 12

Man muss die Feste feiern wie sie fallen

»Ich habe den Alten am 2. März gesehen, er hatte schon gefegt. Du musst kommen, bevor du nach Afrika fährst. In einer Woche ist im Ziegenmoor alles wieder so dicht, dass du keine Chance mehr hast ...«
Beschreiben kann mein Freund das Gehörn des Geisterbocks nicht wirklich, aber es scheint ungewöhnlich stark zu sein, sonst hätte er mich nicht Mitte April angerufen. Einen Rehbock vor den 16. Mai zu schießen, war für mich undenkbar. Die Vegetation ist noch niedrig, die Deckung für das Wild nicht optimal, die Fluchtdistanz junger Rehe gering. All das vereinfacht das Jagen, macht es nicht zu einer großen Herausforderung. Als die Schonzeit des männlichen Rehwildes vom 16. auf den 1. Mai verkürzt wurde, fiel bei uns gelegentlich ein schwacher Knopfer am Anfang des »Färbemonats«, vor dem 1. Mai habe ich aber bisher nie einen Rehbock erlegt.

Mein Freund weiß, dass ich den Wonnemonat über in Afrika sein muss und meint, der Bock am Ziegenmoor wäre es wert, eine Ausnahme von der mir gesetzten Regel zu machen. Ich ziere mich – aber nicht übermäßig lange. Dafür spukt der Bock zu lange, seit mindestens drei Jahren, in meinen Träumen herum. So lange versuchte ich nämlich bereits, ihn auf seine rote Decke zu legen, bisher erfolglos. Und der Wetterbericht erleichtert meinen Entschluss. Nach einer Woche Regen soll es nun aufklaren. 70 Prozent Sonnenschein, nur vereinzelt ein paar Schauer, hieß es verheißungsvoll aus dem Radio, und bei blauem Himmel und strahlender Frühlingssonne geht es auf nach Mecklenburg, und die beste Ehefrau von allen stöhnt: »The same procedure as every year, nur früher als sonst.«
Ankunft am Jagdhaus. Übliche kurze Begrüßung, schon nimmt mich der Wald in seine Arme, endlich bin ich alleine, alleine mit mir und mit der Natur. Die Bedingungen zur dummen Stunde Rehwild zu begegnen sind ideal.
Die jungen Buchenbestände sind »durchsichtig«. Einige Bäumchen tragen noch trockenes, braunes Laub aus dem Vorjahr. Nur vereinzelt hat die Sonne zarte Knospen aus den Zweigen gelockt.

Der Wind spielt und raschelt in den letzten Blättern, die sich vom vergangenen Jahr halten und nicht bereit sind zu weichen. Wenn ich aus Afrika zurück sein werde, wird der Bestand so grün, so dicht belaubt sein, dass keine Chance besteht, ein Reh anzusprechen, geschweige denn zu schießen. In den Jahren zuvor hatte ich es oft versucht – immer erfolglos.

Der Wind steht günstig. Auf der breiten Rückeschneise, die ein Harvester vor wenigen Wochen auf der Abteilungsgrenze zwischen Fichtenaltholz und Buchenrauschen in die dunkle Erde geschoben und anschließend ein riesiger Rückezug das geschnittene Käferholz abtransportiert hat, lässt sich wunderbar pirschen.

Der Waldboden ist feucht bis nass. Doch was nutzt es, wenn ich mich auf dem rotbraunen Laubteppich in der Fahrspur leise bewegen kann, aber vom Wild schon auf größere Entfernung eräugt werde? Im Zeitlupentempo schleiche ich bis zu einer alten Douglasie am Rand des maschinengeschaffenen Weges, lasse mich am Fuß des mächtigen Stammes auf feuchter Nadelstreu nieder und mache es mir mit Blick in den vermeintlichen Einstand des Bockes bequem. Freies Schussfeld habe ich nur nach links und rechts auf der Schneise. Die jungen Buchen stehen sehr dicht, es wird schwierig sein, dort ein Reh auszumachen.

Als ich, die Büchse auf die Knie aufgelegt, nach beiden Seiten eine Anschlagübung mache, tritt ein Reh aus, besser gesagt ein Rehlein, so schwach, dass ich meine, es sei ein Fuchs oder Hase. Erst nach intensiverem Spekulieren durch das Zielfernrohr stelle ich fest, es ist ein Knopfbock. Dem Jagdgesetz nach äst da knapp 100 Gänge entfernt ein Bock, ein Jährling. Die Natur aber hält sich nicht an menschliche Regeln, hat ihre eigenen Gesetze, und denen zufolge müsste man ihn noch als Kitz einordnen, als schwaches dazu, überlege ich, da ist der Kümmerling wieder verschwunden.

Da Jahr für Jahr ältere, alte und sehr alte Böcke den Revierteil als Einstand wählen, man aber auf herkömmliche Art und Weise in diesem Rehdorado selten eine erfolgversprechende Möglichkeit bekommt, einen von ihnen vom Boden aus zu erlegen, hat der Freund vor drei Jahren auf der gegenüberliegenden Seite des jungen Bestandes einen überdachten Hochstand aufgestellt, aber auf dem habe ich noch nie gesessen. Ich bin kein Freund von Kanzeln und Hochsitzen im Wald, setze mich lieber an einen Wechsel auf den Erdboden, werde eins mit der Natur und meiner Umgebung und pirsche, wenn nötig, das Wild an, zumal im Gehölz meistens Deckung vorhanden ist. Vor und neben mir krabbeln Ameisen. Unentwegt mühen sie sich einen trockenen Stamm rauf und runter, schleppen im Verhältnis zu ihrem Körper riesige Rindenstückchen, und immer wieder gleiten meine Blicke zu den rastlosen kleinen Emsen. Manche laufen im Zickzack, andere kämpfen sich gegen den Strom, auf den ersten Blick ein wirres Durcheinander, doch nur für oberflächliche Betrachter aus Menschenaugen.

Bei den emsigen Insekten herrschen mehr Ordnung und Organisationstalent, mehr Rücksichtnahme und Fleiß als bei uns Menschen, grübele ich.

Die hohe Überhälterlärche hat bereits Nadeln geschoben, und aus dem vergehenden Buchenblättern am Boden sprießen allerlei Pflanzen und Pflänzchen hervor, schimmert leuchtend frisches Grün. Auch Haselnussstauden schmücken sich mit hellem Grün, und die Birken sorgen mit ihren zarten Trieben für weitere Farbtupfer.

Tief atme ich den würzigen Duft des Waldbodens ein.

In den hohen Fichten hinter mir ruft ein Ringeltauber Strophe um Strophe, sehnsüchtig, verlangend, bis von irgendwo Antwort eines Rivalen erklingt. Entdecken kann ich keinen der beiden Frühlingskünder, aber klatschender Schwingenschlag sagt mir dann, dass einer von ihnen fortgestrichen ist.
Ein Buntspecht trommelt, dann erfreut mich das herrische Schmettern eines Buchfinks, doch auch die beiden bleiben meinen Blicken verborgen.
Behutsam hebe ich immer wieder das Glas vor die Augen, versuche mit meinen Blicken auch in die letzten Winkel zwischen den Buchen zu dringen und zucke zusammen. Dicht über dem Boden wackeln Zweige. Kurz darauf bewegt sich noch einmal etwas. Gebannt halte ich den Atem an, und dann schwirrt ein Zaunkönig aus dem verfilzten Pflanzengewucher davon, zaubert ein entspanntes Lächeln auf mein Gesicht.

Fast zwei Stunden harre ich bereits mehr oder weniger bewegungslos an den dicken Stamm gelehnt. Das Bedürfnis, meine steifen Muskeln zu strecken, wird größer. Das Wild hat seine Äsungsperiode längst beendet, sich zum Widerkäuen oder Ruhen niedergetan, da verdunkelt sich der Himmel. Die Sonne ist verschwunden, dicke Tropfen fallen urplötzlich vom Himmel. Eilig springe ich auf. Der Regen wird stärker. Der Hochsitz, schießt es mir durch den Sinn, bis ich zu Hause bin, werde ich bis auf die Haut nass sein, er ist im Laufschritt nur etwa fünf Minuten entfernt. Los geht's.

Als ich die Leiter hochsteige, ist meine Brille beschlagen, und kleine Sturzbäche rinnen mir von der Hutkrempe ins Genick. Ich bin froh, als ich mich vor den Wassermassen auf den trockenen Sitz in Sicherheit gebracht habe.

Noch etwas außer Atem wische ich Brille, Fernglas und Zielfernrohr trocken und warte auf das Ende des Schauers. Aber der entwickelt sich zu einem ausgewachsenen Landregen. Außer dem eintönigen Rauschen und Raunen der hohen Fichten hinter mir und den einschläfernden Rhythmen fallender Tropfen auf das Hochsitzdach kein Geräusch, das an meine Ohren dringt. Eine Stunde lang glotze ich gegen eine graue Wand. Doch dann, so plötzlich wie gekommen, verzieht sich die Regenfront, nur noch spärlich fallen die Tropfen, im Osten klart es bereits wieder auf.

Und dann entdecke ich hinter mir ein Stück Rehwild. Nur weil es sich bewegt, sehe oder ahne ich es. Gewiss mehr als fünf spannende, im wahrsten Sinne des Wortes atemberaubende Minuten benötige ich, um es in dem Bewuchs endlich anzusprechen, eine Ricke. Immer näher zieht sie, ist bald nur noch 20 Gänge entfernt, aber erst als sie vertraut am Rande der Jagengrenze verhofft, erkenne ich, dass es ein Schmalreh ist: struppige, rötlich graue Decke, Rot überwiegt, zierliches Haupt, schmaler Träger, kindliche Lichter, ein Bild des Friedens, der Unschuld.
Und ich denke an zwei Nachsuchen, zu denen ich mit meinem Schweißhund im letzten, respektive vorletzten Jahr gerufen worden war. Beide Male musste ich am Ende eine führende Ricke aufbrechen. Beide Male schüttelten die Jäger, die mich gerufen hatten, mit den Köpfen. »Sowas kann passieren«, war ein Kommentar, als ich die Stücke aufbrach und mir die Milch aus dem prallen Gesäuge entgegenspritzte.
Es hat aufgehört zu regnen. Eine Amsel flötet, als ahne sie den mit Riesenschritten nahenden Frühling. Nach den trüben, regnerischen Tagen wirkt ihr Lied etwas verloren aber voller Inbrunst, voller Vorfreude auf den Wechsel der Jahreszeiten. Sogar eine verfrühte Hummel brummt vorüber. Die Luft ist noch sauberer, noch frischer, noch berauschender als zu Beginn meiner Pirsch.
Trotz der Rehe blicke ich auf eine erstaunlich reichhaltige Naturverjüngung. Ein kleiner Horst gertengerader Stämmchen an denen rötliche Triebe leuchten, fällt mir ins Auge. Junge Ahornpflanzen, die sich hier ausgesamt haben, alle sind vom Rehbock verfegt.

Die »Dumme Stunde« ist lange vorüber, gerade will ich den Sitz verlassen, da tickt ein Rotkehlchen, beschleunigt meinen Puls erneut. Zwischen all dem kniehohen Bewuchs bewegt sich ein weiteres nicht verfärbtes Reh. Nur die Rückenlinie ist für wenige Sekunden auszumachen. Knappe 100 Meter äst es am üppigen Jelängerjelieber. Ein Bock, erkenne ich als für Minutenbruchteile ein wahrlich gekröntes Haupt aus dem satten Grün auftaucht. Ein Bock, mehr nicht. Das Gehörn war in der Kürze der Zeit gegen den unruhigen Hintergrund nicht genauer anzusprechen, aber bullig wirkendes Haupt, helle, graue Maske und grimmiger Gesichtsausdruck waren der erste Eindruck – und der trügt selten – bevor es wieder verschwindet.

Viele tiefe Atemzüge lang nicht das kleinste Anzeichen, dass dort, wo ich gebannt minutenlang durchs Glas hingestarrt hatte, eben noch ein Reh stand. Die Objektive wandern nach links, zurück, nach rechts, kein Lebewesen weit und breit, mein Pulsschlag schlägt wieder im gewohnten Takt, die Spannung lässt nach, um dann aber wieder anzusteigen. 50 Meter rechts erscheinen ein Lauscher- und ein dunkles Stangenpaar mit auffällig hellen Enden, doppelt so hoch, wie die Lauscher. Der Gesuchte! Als ich das Glas mit der Büchse vertauscht habe und durch das Zielfernrohr starre ist der Spuk wieder fort, aber ich lasse die Stelle nicht mehr aus den Augen respektive dem Absehen.

Da erscheint der Starke wieder, oder besser ein Stück seiner grauen Decke. Er zieht von mir fort. Augenscheinlich ist ihm der Einstand in dem vor Nässe triefenden Gestrüpp nach dem Platzregen zu nass und ungemütlich geworden, und er will das Jagen verlassen. Behält er die Richtung bei, könnte ich ihn beim Auswechseln abpassen, der Wind würde auf meiner Seite sein.

Flink ist die Büchse gesichert und hängt über meiner Schulter. Als ich auf der Leiter stehe und mich durch einen Blick durch das Fernglas noch einmal vergewissere, dass der Bock noch da ist, erkenne ich, dass er erneut die Richtung geändert hat, nun auf den Sitz zuzieht. Im Nu nehme ich wieder auf der harten Holzbank Platz.

Das Schmalreh hatte ich fast vergessen. Es äst immer noch links von mir auf der Schneise. Am Rand der dicht zusammenstehenden Buchen, dort wo viel Licht auf den Erdboden dringt, ist die Flora bereits gut entwickelt. Gräser stehen kniehoch, Sträucher haben schon zahlreiche winzige Blätter ausgebildet. Wahrscheinlich wächst durch intensivere Sonneneinstrahlung dort besonders üppige, beliebte Äsung. Auch den Bock scheint es zielstrebig dorthin zuziehen. Sein Wechsel ist mit langen Unterbrechungen immer nur kurz an Bewegungen über dem dichten Gestrüpp auszumachen, dann ist er wieder verschwunden. Frustriert setze ich das Gewehr ab und betrachte das Schmalreh. Doch dann breitet sich erneut Hoffnung aus, macht sich wieder erwartungsvolle Spannung in mir breit: Bewegungen in dem Himbeergestrüpp. Der Bock zieht näher. An Schießen ist nicht zu denken, doch würde er die Richtung beibehalten, müsste er die Schneise, an der das Schmalreh äst, kreuzen. Je näher er kommt, desto besser ist er auszumachen. Sein knuffiges, dunkles Gehörn mit den sechs langen Enden erscheint immer öfter aus der grünen Wildnis.

Ich verfolge jede seiner Bewegungen durch das Absehen meines Zielfernrohrs. Die Alte hat es plötzlich eiliger das nasse Kraut zu verlassen. Als das Schmalreh unruhig aufwirft, er auf die Schneise tritt, fällt nach vielen Jahren das erste Mal wieder im Frühsommer ein Schuss im Ziegenmoor.

Als ich mich neben den Bock an den Wegrand setze, überlege ich, ob es wirklich richtig war, dass ich aus lauter Gier meinem Grundsatz keinen grauen Rehbock zu schießen untreu geworden bin. Spätestens aber, als ich mich abmühe, beim Aufbrechen das Schloss zu knacken, bin ich mir sicher: Wildbrett statt Wildpret, eine Todsünde war der Abschuss nicht.

»29. April? Mach dir keine Gedanken, man soll die Feste feiern wie sie fallen«, beruhigt mich meine Tochter, als ich später von meinem Tabubruch erzähle, aber wenn sein starkes Gehörn an der Wand hängt, wird es das Einzige sein und bleiben, das mich an den Abschuss eines Rehbocks vor dem 1. Mai erinnert.

Kapitel 13

Wiedersehen mit dem Ziegenmoor

Im selben Jahr hatte mein Freund kurz vor der Blattzeit wieder einen Bock mit »undefinierbarem Gehörn«, wie er sich ausdrückte, am Ziegenmoor gesehen, diesmal auf der angrenzenden, drei Hektar großen Kultur. Sie war vor zwei Jahren gepflanzt worden, nachdem die hohen Fichten zum Teil von Borkenkäfern befallen worden waren und bis auf wenige Stämme anschließend vom Sturm gefällt wurden. »Jetzt kann man nichts machen, durch die hohe Bodenvegetation sieht man nichts, das Wild lebt dort wie im Schlaraffenland, braucht die Einstände nicht zu verlassen, das Ziegenmoor kannste vergessen.«

Ich bin anderer Meinung. Auf einen Bock, der mehrmals an ein und derselben Stelle gesehen worden war, offenbar einen festen Einstand bezogen hatte, soll es wenig Sinn machen bzw. hoffnungslos sein zu jagen, klingt für mich wie eine Herausforderung. Ist es Neugierde, verletzter Stolz oder Eitelkeit, egal, mein Ehrgeiz ist geweckt. »Das ist doch Quatsch«, will mich der Freund von meinem Vorhaben abbringen, »du kannst dich gleich mitten in den Rapsschlag setzen, da siehst du mehr, im Ziegenmoor erwischt man jetzt kein Reh«. Nach einem demonstrativen Blick auf sein Smartphone stellt er fest: »Der Wind passt außerdem vom Sitz überhaupt nicht.« Ich erhebe mich und klopfe auf das Barometer, die Quecksilbersäule steigt augenblicklich in die Höhe und mit ihr meine Stimmung.

Beim ersten Licht war ich trotzdem dorthin gepirscht und habe es mir neben der Abteilung, in der ich Ende April den guten Bock erlegt hatte, auf einem Baumstumpf mitten auf der großen Fläche gemütlich gemacht – ein Stelldichein zwischen Erinnern und Erleben. Durch den morgendlichen Tau nach der klaren Nacht bin ich bis über die Oberschenkel klatschnass. Für Rehwild ist es wahrscheinlich ein Vollbad durch diese taunasse Vegetation zu ziehen, aber ich bin optimistisch. Vier frische Plätzstellen am Rande haben mich hoch motiviert. Ich muss aber noch mindestens eine Stunde untätig verharren, bis der Tau von den ersten Strahlen der aufgehenden Sonne aufgeleckt wird, muss warten, bis das Wild auf die Läufe kommt, um seinen Hunger zu stillen, und ich zu blatten beginne.

Weit schweifen meine Blicke über die Kultur. Am Boden allerdings ist die Sicht äußerst beschränkt. Knie- bis hüfthohes Beerenranke, dazwischen eingesprengte Brennnesselhorste und vereinzelt Traubenkirschen, ein wahres Wildparadies.

Ein Ringeltauber ruft, das einzige Geräusch, das ich wahrnehme. Dann wechselt weiter als 100 Gänge entfernt ein Jährling durch die hohen Brombeeren. Einige Male sehe ich sein Haupt, der Wildkörper bleibt verdeckt. Vertraut zieht er am Rand der Schonung entlang und verschwindet. Der Jüngling macht nicht den Eindruck, als lebe er in der Furcht vor einem älteren Bock, dessen Einstand hier von meinem Freund vermutet wird. Trotzdem bleibe ich zuversichtlich.

Als die Sonne, für mich eine rötlich goldene Uhr ohne Zeiger, langsam höher steigt, sich der letzte Hauch der Morgendämmerung über der Fläche verzogen hat, greife ich zum Buchenblatt, und nach etwa 30 Fieptönen kommt gut 100 Gänge vor mir Bewegung in das Gestrüpp aus Bentgras und Beerengerank. Sofort lasse ich das Blatt fallen und entdecke durch mein Fernglas das Haupt eines Rehes, eines Einstangenbockes! Es waren nur wenige Augenblicke, aber ich erkannte ein weißes Gesicht und eine dicke Stange zwischen den Lauschern, dann ist er wieder eingetaucht in die grüne Wildnis. Ob die linke Stange abgebrochen oder nicht geschoben wurde, konnte ich in der kurzen Zeit nicht erkennen.

Vorsichtig prüfe ich den Wind. Er weht mir den frischen Duft der Brennnesseln ins Gesicht. Im Zeitlupentempo wandert das nächste Blatt wieder an meine Lippen. Erneut klingt es »Piäh! Piäääh!« durch die morgendliche Stille. Unaufhörlich versuchen meine Augen dabei den verfilzten Dschungel zu durchdringen, doch der behält sein Geheimnis für sich. Plötzlich zittern Zweige. Kurz darauf schwanken Beerentriebe hin und her. Die Ursache der Bewegungen erkenne ich nicht. Aus meiner Position vom Boden aus könnte ich den Bock, auch wenn er nur zehn Meter vor mir verhoffen würde, nie und nimmer erlegen. Wenn es überhaupt in diesem unübersichtlichen Bewuchs gelingen sollte, müsste ich stehend freihändig schießen. Das aber traue ich mir nicht zu. An einer der hohen Fichten zwanzig Meter links von meinem Standort könnte ich anstreichen, schießt es mir durch den Sinn.

Ohne auch nur eine Sekunde vergehen zu lassen, setze ich behutsam Fuß vor Fuß, soll heißen noch langsamer als Schritt für Schritt, schlängele ich mich geduckt auf den Baum zu. Sicht habe ich höchstens vier oder fünf Meter. Nach einigen Schritten verharre ich bewegungslos. Für die verlockend glänzenden schwarzen, reifen Brombeeren habe ich keine Augen, versuche nur krampfhaft den Bock durch das Fernglas auszumachen.

Obwohl ich keine auch noch so kleine Bewegung über dem grünen Meer wahrnehme, lediglich eine nervöse Mönchsgrasmücke bringt mit gewandten Turnübungen Unruhe in die Sträucher rechts von mir, arbeite ich mich vorsichtig weiter vorwärts.

Es ist frisch, doch nicht sonderlich kühl, und die wenigen Meter werden zu einem mühsamen, schweißtreibenden Marsch. So sehr ich mich bemühe, die Füße bei jedem Schritt meiner kurzen Schritte hoch zu heben, immer wieder verhaken sich tief am Boden liegende Ranken hinter einem Stiefel, lassen mich straucheln oder halten mich fest.

Ein langer Brombeertrieb streift rauschend an meiner Jacke entlang. Furchtbar laut kommt es mir vor. Sofort verharre ich wieder mucksmäuschenstill, halte den Atem an und versuche, den Standort des Bockes zu erspähen, ohne Erfolg.

Endlich stehe ich hinter der dicken Fichte. Trotz meines tarnenden Gesichtsschleiers und der Handschuhe surren bereits blutgierige Mückenschwärme unermüdlich um mich herum, als ich wiederrum blatte. 30, 40 Töne, gewiss länger als eine Minute, dauert mein Fiepkonzert, da kommt erneut Unruhe in das entfernte Gestrüpp. Kaum haben die ersten Töne die Entfernung durcheilt, taucht kurz das Haupt des Bockes auf, ist aber augenblicklich wieder verschwunden. Ich blatte unermüdlich weiter, und der Bock zieht aufreizend langsam in meine Richtung. Sehen kann ich ihn nicht, lediglich ab und an zuckende, schwankende, zitternde Brombeerblätter verraten ihn.
Zwischen dem Ziel meiner Begierde und mir leuchtet fast frei von Beerengestrüpp goldgelb eine kleine Fläche Bentgras. Es ist niedergetreten oder hat sich durch den Regen der letzten Tage gelegt. Sollte der Bock darüber hinweg ziehen, wäre es ein problemloser Schuss, überlege ich, aber stattdessen lässt mich dort, wo ich den Einstangigen zuletzt ausgemacht habe ein Lauscherpaar über der sprießenden Vegetation zusammenzucken. Erwartungsvoll suche ich es durch das Fernglas, und das Erstaunen folgt auf dem Fuß: Eine Ricke äugt unverwandt zu mir her. Eine halbe Stunde lang hatte sie sich von meinem ausdauernden Konzert auf dem Buchenblatt nicht sonderlich beeindrucken lassen. Als ihr Haupt wieder verschwunden ist, fiepe ich weiter. Ich kann mir die Stelle, wo sie sich offensichtlich wieder niedergetan hat, gut merken, denn daneben haben sich Disteln ausgesamt, ein kleiner, fünf mal fünf Meter im Quadrat großer Horst, über dem lila Blüten wie mit weißer Watte überzogen schimmern. Ein brauner Falter gaukelt darüber hinweg, zu weit, um seine Art zu bestimmen.

Es folgt ungewisse Ruhe, gefühlte fünf Minuten lang gespanntes Warten und Starren bei erhöhter Pulsfrequenz. Die Ricke bleibt unsichtbar. Meine Zweifel beginnen mich mehr zu plagen, als die Mücken und quälender Durst.
Ich habe keine Uhr bei mir, schätzte, dass ich bereits über eine Stunde hinter dem Stamm verharre. Normalerweise küselt der Wind in diesen frühen Morgenstunden, aber heute scheine ich Glück zu haben, er weht vom Bock zu mir. Dann beben wieder dünne Zweige vor mir. Den Kolben der Büchse an die Wange gedrückt erblicke ich durch das Zielfernrohr, höchstens zehn Meter entfernt, schemenhaft ein Reh. Stocksteif scheint es zu mir her zu sichern. In dem Gestrüpp ist aber nicht einmal auszumachen, wo hinten, wo vorne ist. Quälende Augenblicke, bis ich das Gehörn endlich ansprechen kann. 80 oder auch 100 Gänge war der Bock auf mich zu gezogen, ohne dass ich ihn vorher bemerkt hatte. Als er zwei weitere Gänge macht, ist ein Teil seines Blattes frei. Wieder verhofft er misstrauisch. Vorsichtig streiche ich die Büchse an der Fichte an und erhöhe den Druck auf den Abzug. Nach dem Schuss erkenne ich eine hohe Flucht. Als ich nach kurzer Wartezeit zum Anschuss stolpere, mich durch das Gewirr der Rispen und Ranken, Zweige, Halme und Gräser die wenigen Schritte zu ihm hingearbeitet habe, knie ich vor einem drei-, vierjährigen Sechser, dessen eine Stange augenscheinlich im Bast über der Rose angebrochen und nach unten gewachsen war.

Kapitel 14

Blattzeitreminiszenzen

Betrachte ich die Rehgehörne an meiner Wand, fühle ich mich zurückversetzt in jene unverlierbaren Jagdtage in der Blattzeit, die aus dem Nebel der Vergangenheit herausragen, meine Blicke verweilen an den Gehörnen, deren Erbeutung mit besonderen Erinnerungen verbunden sind. Ich denke an die Zeit, als das Getreide mit der Sense gemäht und die Garben kunstvoll in Hocken aufgestellt wurden. Sie boten ideale Verstecke und gute Deckung, erleichterten das Anpirschen auf den Stoppeläckern und das Beobachten der wilden Jagd von Bock und brunftiger Ricke auf weite Entfernung. Diese Hocken – viele Jäger kennen sie nur von alten Gemälden - und Rehbrunft gehörten für mich immer zusammen. Das Bild hat sich gewandelt, die technische Entwicklung hat vor der Land- und Forstwirtschaft, vor allem vor der Jagd nicht Halt gemacht. Zur Blattzeit liegen vom Mähdrescher ausgespuckte Strohballen auf den Äckern, bieten kaum Deckung zum Anpirschen und werden oft schon am Tag nach der Ernte abtransportiert. Waldwege sind zumeist befestigt, und bis in die entferntesten Winkel mit dem Auto erreichbar. In vielen Revieren wird von Hochsitzen auf weite Entfernungen geschossen, nicht vom Erdboden aus geblattet, unauffällige Erdschirme sind geschlossenen Kanzeln gewichen, künstliche Instrumente haben Buchen- und Fliederblatt verdrängt.

Blatten auf dem Buchen- oder Fliederblatt habe ich von unserem Wildmeister, nicht gelernt, um Rehböcke zu erlegen, aber um Kitze vor der Mähmaschine zu retten. Stand eine Fläche zur Mahd an, imitierten wir am Vorabend in der Nähe der Wiese den Kitzfiep, und sehr oft erschienen Ricken, die ihren abgelegten Nachwuchs suchten. Sprang keine Geiß, konnte man sicher sein, dass in der Wiese kein Kitz lag.

Die Hauptbunftzeit spielt sich in der Lüneburger Heide Anfang August ab. Einen Bock habe ich aber bereits im Brachmond, im Juni, geschossen. Er trieb Sommeranfang, am 21. Juni, auf einer gemähten Wiese. Sein Windfang klebte förmlich an der Schürze eines Schmalrehes.

Ich stellte mich am Rand der Fläche vor eine Buche, nahm das Zielfernrohr von der Büchse, legte es auf den Erdboden, klemmte das Gewehr zwischen Oberarm und Brustkorb und entlockte dem Buchenblatt einige Fieptöne. Nach dem fünften oder sechsten Ruf leuchtete es vor mir dunkelrot. Ein Reh, halb von der Sonne beschienen, durch Gestrüpp verdeckt, stand auf knappe vierzig Gänge vor mir. Während das Blatt zu Boden fiel, verharrte ich regungslos.

Es erschien mir wie eine Ewigkeit, bis wieder Bewegung in den Wildkörper kam. Da preschte ein weiteres Reh heran. Ich konnte es noch als Bock ansprechen, dann waren beide in der Fichtenverjüngung verschwunden. Warum sie flüchteten, war ein Rätsel, Wind konnten sie kaum bekommen haben. Flink scharrte ich den Waldboden frei, schob Blätter, die mich durch Rascheln verraten könnten, beiseite, warf einen Zweig, der durch Drauftreten knacken könnte, fort und lehnte mich gegen den Buchenstamm.

Ich war dabei nicht leise, »natürliche« Geräusche, wie sie auch Rehwild verursacht, kurzes Treten auf den Boden, leises Brechen eines Zweiges oder Rascheln, wie beim Plätzen, machen es in der Brunft mitunter neugierig. Aus dem Nachbarbaum schmetterte eine Singdrossel unbeschwert ihre Strophen, meine Aktivitäten hatten nicht gestört.

Nach fünf Minuten ließ ich erneut leise Fieptöne hören. Eine Amsel warnte, ein Rotkehlchen tickte aus der Richtung, in der die Rehe geflüchtet waren.

Schon schimmerte es wieder rot-braun zwischen den Stämmen. Zügig zog ein Reh auf mich zu, kurzzeitig verdeckt, machte ich dann wieder ein Stück roter Decke aus, und sprach einen älteren Bock an. Der Schaft des Repetierers ging an die Wange. Das Reh war wieder fort, die Laufmündung zeigte in die Richtung, in der es verschwunden war. Ich griff erneut zum Buchenblatt, fiepte, und es stand noch einmal zu. Das Blatt segelte zu Boden, die Büchse im Anschlag, vernahm ich leises Brechen und Keuchen, dann verhoffte der Bock zwanzig Gänge vor mir. Ehe er sich seines Irrtums bewusst wurde, fiel der Schuss, kurz danach stand ich vor meinem bisher einzigen im Juni aufs Blatt zugestandenen Rehbock.

Am 26. August beobachtete ich auf einer Viehweide knapp 300 Meter entfernt eine Ricke mit zwei Kitzen und zehn Meter von den dreien ein weiteres Reh, das sich im Gras niedergetan hatte.

Nach längerem Spekulieren stellte ich fest, dass es ein Bock war. Um ihn zum Aufstehen zu bewegen und anzusprechen, fiepte ich mit den bloßen Lippen. Nach dem ersten Pfiff sprang er auf und stürmte bis unter meinen Hochsitz. Es war ein junger Sechser. Später ist mir nie wieder ein Bock aufs Blatten gesprungen.

An meiner Gehörnwand und in meiner Erinnerung hat ein alter Bock, ein ungerader Sechser mit einer verbogenen Stange, seinen ganz besonderen Platz. Als wäre es gestern gewesen, tauchen die Jagdtage, an denen ich ihm nachstellte, in allen Einzelheiten vor mir auf, wenn ich das Gehörn betrachte. Anfang August, ein guter Termin, um erfolgreich zu blatten. Seit drei Tagen hatte es in Strömen gegossen. Ich pirschte missmutig durch das Heiderevier, erreichte völlig durchnässt einen Kahlschlag und setzte mich am Rand auf einen Baumstumpf. Als ich mich nach vorne beugte, lief das Wasser in einer kleinen Sturzflut von meinem Hut.

Es war kein Geräusch zu hören, außer einem aufgeregten Zaunkönig, der im Wurzelteller einer gefallenen Fichte rief, dem einschläfernden Rauschen und Raunen der hohen Bäume, sowie den auf den Erdboden klatschenden Tropfen. Miserables Wetter für die Rehbrunft: kalt, stürmisch, und ich friere! Unwahrscheinlich, dass aus der von Wasser triefenden Fichtendickung ein Reh in das klatschnasse Himbeergestrüpp zieht, im wahrsten Sinne des Wortes vom Regen in die Traufe wechselt.

Blatten ist zwecklos, dachte ich, zumal der Wind viele Geräusche verschluckt. Als ich trotzdem den Ruf einer suchenden Ricke nachahmte, verschluckte der Wind die Töne augenblicklich.

Aber dann hörte ich einen Bock herankeuchen, erblickte dreißig Gänge entfernt einen vor Nässe glänzenden Wildkörper und erkannte einen im Gesicht fast weißen Bock. Misstrauisch sicherte er zu mir her und zog, ehe ich die Büchse hochgenommen hatte, um mich herum, trotz akrobatischer Verrenkungen konnte ich ihm mit der Laufmündung nicht folgen und war verschwunden.

Behutsam erhob ich mich, trocknete Brille, Fernglas sowie Zielfernrohr, blattete, und wieder keuchte der alte Bock heran. Ich zog ihn dann fünfzig Meter vom Anschuss entfernt aus dem klitschnassen Himbeergerank, wohin ihn die Läufe auf seiner letzten Flucht noch getragen hatten. Die Jägerweisheit: »Den Bock verwirrt der Sonne Glut, den Hirsch die kalte Nacht ...« trifft nur bedingt zu.

Ebenfalls im August saß ich in einer Kiefer am Wildacker. 80 Meter vor mir erschien auf mein Blatten hin das Haupt eines Rehbockes über dem Gras. Als ich weiter fiepte, machte der Bock keine Anstalten, sich zu erheben und zuzustehen, das Haupt verschwand im Grünen. Ich baumte ab und war am Abend wieder zur Stelle. Nach dem ersten Fiepton preschte der Bock, der sich nicht von seinem Bett fortbewegt hatte, auf die Kiefer zu und im letzten Licht des sterbenden Tages hob es den alten Bock im Knall des Schusses vorn in die Höhe und ließ ihn dann verenden. Seine Zähne waren dermaßen abgeschliffen, dass ich den Eindruck gewann, der Alte sei schon in der Arche Noah dabei gewesen. Warum er drei Stunden vorher nicht zustand, bleibt ein Rätsel.

Und eine weitere Begegnung mit einem alten Rehbock kommt mir in den Sinn. Ende Juli saß ich unter einer mächtigen Eiche. Die Seite, an der ich mich an den Stamm lehnte, war mit Moos bewachsen – Ostwind. Vierzig Gänge vor mir blickte ich auf einen Ebereschen Horst. Ich hatte eine halbe Stunde gesessen und in den beginnenden Morgen gelauscht, als ich von kurzem Schrecken aus meinen Gedanken gerissen wurde. Im dichten Pflanzengewirr ahnte ich wegen der ruckartigen Bewegungen, dass ein Bock die Vogelbeerbäume mit seinem Gehörn bearbeitete. Dabei schreckte er.

Da ich vermutete, dass er das Dickicht nicht ohne Grund verlassen würde, schreckte ich auch und scharrte mit einem Ast auf dem Waldboden, dass Dürrlaub und Gezweig flogen. Kurze Zeit beklemmende Stille. Dann schreckte mein Gegenüber erneut, sofort antwortete ich.
Kurze Pause, und wiederum das Schrecken des Bockes, Im Bogen zog er näher. Wieder kurz und böse »Böh! Böh!«, und meine Antwort schallte ebenso durch den Wald. Eine Amsel strich schimpfend davon, gleich darauf erschien ein Rehbock.
Der Schaft meiner Büchse glitt vor die Schulter. Durchs Zielfernrohr erkannte ich zwei krumme Stangen zwischen den Lauschern, und im Schuss brach der Bock auf weniger als dreißig Gänge zusammen. Nicht mit dem Buchenblatt, sondern mit dem Laut eines Rivalen hatte ich ihn herangelockt. Niemand von den Jägern hatte den Alten jemals vorher gesehen.
Eine weitere Begebenheit fällt mir beim Blick auf die Trophäenwand ein. Auf mein Blatten erschien in raumgreifendem Galopp ein Bock und stand unter meiner Leiter. Als er wieder fortzog, blattete ich erneut. Sofort stand er wieder zu und bearbeitete mit hervorquellenden Lichtern wütend die junge Kiefer, an der der Sitz lehnte. Durch die stürmischen Attacken schwankte und zitterte er, bis der Bock abließ. Als ich wieder fiepte zog er im Stechschritt keuchend wie der Liebhaber in einer Seniorenresidenz um die Kiefer herum, und verschwand schreckend auf Nimmerwiedersehen.
Meine Kleine Münsterländerin Gesa hat mich bei fast unzähligen Blattjagderlebnissen begleitet. Einmal saß sie neben mir, bewindete intensiv den Boden, ohne mein Fiepkonzert zu beachten und fing an in der Erde zu scharren. Unter dem Laub kam die Abwurfstange eines Rehbockes zu Tage. Sie hatte dort drei oder vier Monate gelegen, war von Mäusen benagt und stark ausgeblichen. Wie die Hündin die Stange geortet hat, ist mir schleierhaft.
Das wohl ungewöhnlichste Erlebnis während der Rehbrunft hatte ich mit Gesa im Kiefernaltholz. Ich stand mit dem Rücken an einen Stamm gelehnt, die Büchse schussbereit unter die Achselhöhle geklemmt, um jederzeit schnell schießen zu können und blattete. Die Hündin lag zwanzig Meter entfernt, beobachtete mit aufgestellten Behängen konzentriert den Bestand, als die Fieptöne erklangen. Auch ich lauschte nach »verräterischen« Vogelstimmen und dem Knacken eines Zweiges. Entfernt rief ein Kleiber. Es klang beruhigend, nicht wie ein Warnruf.

Gesa schielte, den Kopf zwischen die Vorderpfoten gebettet, zu mir herüber und erhob sie sich wieder. Wahrscheinlich machten ihr die fliegenden und summenden Quälgeister zu schaffen. Zweimal schnappte sie nach einer Fliege oder Mücke, schlug mit den Behängen, guckte verstohlen, als hätte sie ein schlechtes Gewissen zu mir und ließ sich, nachdem sie sich mehrmals um ihre eigene Achse gedreht hatte, wieder zu Boden plumpsen.

Ich hatte kaum weiter als 40 Gänge Sichtfeld. Als ich nach fünf Minuten noch einmal blattete, erhob sich die Hündin wieder, wedelte verhalten mit ihrer Rute, und wie ein roter Pfeil stürmte ein Reh auf sie zu.

Im selben Augenblick ging ich in Anschlag. Durch das Zielfernrohr erkannte ich auf knapp zwanzig Meter das bunte Jährlingsgesicht mit kurzen, hell blitzenden Spießchen und ließ die Waffe sinken. Im gleichen Moment bemerkte der Jüngling den Hund, wollte ausweichen, aber es gelang nicht. In den Vorderläufen einknickend, stolperte er über ihn, der Hund wollte zur Seite ausweichen, schaffte aber ebenfalls nicht, dem Zusammenprall zu entgehen.

Minutenbruchteile war es für mich schwierig, Traum und Wirklichkeit zu unterscheiden. Für Sekunden wirbelten zwei Wildkörper durcheinander, dann war der Spuk vorüber. Der Bock preschte davon und verschwand.

Nach dem ich einmal nahe einer Straße geblattet hatte plötzlich Reifen quietschen, wildes Hupen und ein dumpfer Aufprall. Wenige Minuten später war ich zur Stelle. Ein junger Bock der die verlockenden Töne vernommen hatte, wurde beim Überqueren der Straße von einem Auto erfasst und so grässlich zugerichtet, dass ich ihn abfangen musste. Seitdem halte ich beim Blatten größtmöglichen Abstand von Straßen.

Am 9. August blattete ich in einem Revier in Brandenburg, in einem feuchten moorigen Waldstück, das nach starken Regenfällen an vielen Stellen unter Wasser stand. Hierdurch hatten sich zwangswechselähnliche Inseln gebildet, die die Auswahl des Blattstandes erleichterten. Ich saß auf einem Baumstumpf, der Hund neben mir. Der Wind wehte uns entgegen.

Nach den ersten Fieptönen erschien ein Jährlingsbock, verhoffte auf 40, 50 Gänge. Abwechselnd schaute ich zu dem jungen Bock der scheinäsend immer wieder aufwarf, zu uns her äugte und zu der Hündin, die ebenfalls gebannt zu dem Reh starrte.

Dann ließ ihr Interesse nach. Sie blickte rechts zu einem Gestrüpp. Während sie am ganzen Körper bebte, folgten meine Blicke den ihrigen. Ich vernahm leises Rascheln, es bewegte sich der Unterwuchs aus Brennnesseln, Springkraut sowie allerlei Beerengerank, und dann tauchte der gestreifte, Kopf eines Marderhundes auf. Intensiv windete der Enok am Boden, näherte sich auf knapp zehn Meter, äugte minutenlang zu uns her und verschwand, als der Hund leise quiemte.

Zweimal war es ein Überläufer und einmal Fasanenhahn, die sich nach meinen Fieptönen auf wenige Meter näherten, Fuchs, Dachs, Marder, ein Waldkauz und eine verwilderte Hauskatze ließen sich durch meine Fieptöne ebenso täuschen wie Mäusebussarde. Der Neubürger aus dem Osten war die bisher ungewöhnlichste Wildart, die ich mit dem Buchenblatt angelockt habe.

Ich saß auf einem Drückjagdbock an einem sumpfigen Erlenwald, beliebter Reheinstand. Unter den dicht belaubten Kronen hatte ich 50, 60 Meter Sicht. Eine Stunde vorher war ein Platzregen heruntergegangen, ideale Bedingungen für den Blattjäger. Einzig die blutgierigen Bremsen störten und erschwerten meinem Hund und mir das Leben, verlangten erhebliche Disziplin, um nicht ständig nach ihnen zu schlagen oder zu schnappen. Nachdem ich geblattet hatte und das Buchenblatt neben mich auf die Sitzbank legte, rauschte es über mir, Blätter bewegten sich, ich schenkte dem aber kaum Beachtung. Plötzlich aus der Baumkrone ein seltsames Geräusch. Es klang wie das Quorren einer Schnepfenhahns. Da die Vögel mit dem langen Gesicht bei uns nicht Anfang August balzen musste es etwas anderes sein.

Da änderte sich die Stimmlage. Die Töne wurden höher, klangen wie das Murmeln eines Baches bis Ruhe eintrat.

Ich fiepte erneut, wieder kam Antwort aus den Baumkronen, leises, heiseres Krächzen. So sehr ich mir auch den Hals verrenkte, der Urheber war unter dem Blättervorhang nicht zu erspähen.

Nach meiner dritten Blattarie antwortete der unbekannte Tonkünstler erneut, diesmal dem Fiepton sehr ähnlich. Es muss ein Eichelhäher sein. Marquardt hatte mich schon manches Mal mit seinen Fähigkeiten die Stimmen anderer Tiere zu imitieren genarrt, perfekter als Stare oder Dohlen, dachte ich.

Behutsam sicherte ich meine Büchse und stieg die vier Sprossen des Ansitzbocks hinab. Als ich mich zu meinem Hund beugte, um ihm über den Kopf zu streicheln und hinter den Behängen zu kraulen, machte sich mein Rufkonkurrent wieder bemerkbar. Krächzend strich ein Kolkrabe davon.

In meinem 2003 erschienenen Buch »die Blattjagd« beschrieb ich eine Episode, die später von einigen Literaten übernommen wurde, trotzdem gebe ich sie noch einmal zum Besten:
Ich radelte auf einem Sandweg durch den Kiefernhochwald. Als ich einen Bock auf ungefähr 150 Meter treiben sah, stieg ich vom Fahrrad, ließ es auf den Erdboden gleiten und schlich zur nächsten Kiefer, um den Bock durch das Fernglas zu betrachten. Währenddessen drehte sich noch das Hinterrad meines nicht geölten Drahtesels und quietschte in regelmäßigen Abständen. Obwohl diese Laute kaum dem Fiepen eines Rehes ähnelten, ließ der Bock von der Ricke ab und stand zu.

Kapitel 15

Das Nachtgespenst

Jagen auf den Feisthirsch im hochsommerlichen »Erntemond« ist für mich ebenso spannend wie auf den Brunfthirsch im herbstlichen »Herbstmond«. Dabei war mein erster Feisthirsch, den ich in zartem Konfirmandenalter erlegte, der Fall ist ein halbes Jahrhundert her und längst verjährt, kein wirklicher Feisthirsch, sondern ein ungerader Eissprossenzehner mit brandigen Enden. Kaum ein Gramm Fett hatte er angesetzt, alle Energie in sein jugendliches Wachstum investiert.
Ich hatte damals, Anfang August, beim Abfährten ein Rudel Rothirsche bestätigt. Als ich nach morgendlicher Pirsch dem heimatlichen Herd entgegen schlenderte, zog Kahlwild vor mir über einen breiten Sandweg, und wenige Minuten später verhoffte am Rand der Kieferndickung, wie ein Geist, Statuen gleich, minutenlang ein Hirsch.

Je länger ich ihn betrachtete, desto stärker, vor allem älter, wurde er in meiner Fantasie. Dass reife Hirsche in der Feistzeit nicht beim Kahlwild stehen, auch nicht am hellen Vormittag umherziehen, wusste ich damals nicht. Nachdem auf knapp 40 Gänge Kimme und Korn zitternd auf das Blatt des Hirsches zeigten, die Kugel ihr Ziel trotz des Jagdfiebers fand, stand ich vor allem anderen als einem heimlichen, alten Feisthirsch. Mir klingt noch das Donnerwetter unseres Wildmeisters in den Ohren, und mir wurde eingebläut: Ein Rothirsch gilt als Feisthirsch, wenn er beträchtliche Fettreserven gebildet hat, zu fegen beginnt und dann durch Brunftwitterung angeregt, ohne festen Wechsel umherzieht. Bis dahin verlässt er seinen Einstand höchstens spätabends und zieht morgens so zeitig ein, dass man ihn selten bei Büchsenlicht zu Gesicht bekommt. Im wahrsten Sinne des Wortes frisst er sich eine Feistschicht an, verbringt träge, ohne sich mehr als notwendig zu bewegen, geschweige denn umherzuziehen, seine Tage in der Kühle des Einstandes, während die heiße Hochsommersonne auf das Land niederbrennt. Die Hirsche sammeln Reserven für die bevorstehende Brunft, die hohe Zeit des Rotwildes – und des Jägers. Ist das Geweihwachstum abgeschlossen, haben sie gefegt und genügend Feist angesetzt, besteht kein so starkes Äsungsbedürfnis mehr wie im Frühjahr oder Vorsommer, wenn sie besonders viel Energie benötigen, um zu schieben.

„Der Feisthirsch ist ein Waldgespenst, das du nur ahnst, doch niemals kennst!
Denn wo du meinst, da steht er nicht, und wo du wartest, geht er nicht
und ist nur hoch bei Sternenlicht. Jedoch bei diesem schießt du nicht."
Diesen von Wahrmund Riegler vor über 100 Jahren geprägten Spruch habe ich mir, nachdem ich meinen ersten Feisthirsch erlegt hatte, zu Herzen genommen, genauso wie: »Der Feisthirsch fürchtet seinen eigenen Schatten.«

Im Juli leiden Kolbenhirsche unter einer grauenhaften Plage, nämlich Stechfliegen, Mücken und ähnlichem Getier. Sie sitzen in unglaublichen Mengen auf den zarten Kolbenenden, um an dem blutgefüllten Gewebe zu saugen. Ununterbrochen schütteln die Hirsche dann das Haupt, und wie Rauchschwaden erheben sich die Quälgeister und lassen sich sofort wieder an derselben Stelle nieder. Um vor dieser Plage Schutz zu finden, verbringen Basthirsche die Tage in den Schatten spendenden Dickungen. Glück, Geduld und genaues Wissen um das Wild und dessen Einstände sind dann Voraussetzung zur Erlegung eines reifen Hirsches.

»Jetzt steht das Himmelsgestirn am höchsten, nun haben auch die Geweihe ihr Höhenwachstum vollendet«, hieß es früher. Die Jagd auf den Feisthirsch lässt die Nächte wieder kürzer werden und mein Herz höherschlagen. Die ersten Vögel rüsten bereits zum Aufbruch nach Süden, die lärmenden Mauersegler haben uns schon verlassen.

Die gelben Stoppeln wirken wie erste Vorboten des Herbstes, aber noch ist es nicht so weit. Die Bauern sind mit der Ernte auf den Feldern beschäftigt, auch für den Jäger ist der »Ernting«, der Monat August, Erntezeit.

Ich glaubte bereits, es gäbe keine Hirsche im Revier, aber ein vierköpfiges Feisthirschrudel hatte heuer seinen Einstand wieder im Jagen 24. Die Fährten auf dem breiten Sandweg zwischen dem Waldkomplex und den Feldern, ab und an eine Schäl-, Schlag- oder Fegestelle, hatten es verraten, zu Gesicht bekam ich die Hirsche aber nicht, und da Feisthirsche empfindlich auf Störungen reagieren, mied ich vorerst die Nähe des Einstandes.

Während ich mehrfach Kahlwild und seinen Nachwuchs beobachte, blieben die »Könige der Wälder« unsichtbar. Sie sind wahrscheinlich nicht heimlicher als zu anderen Zeiten des Jahres, lediglich phlegmatischer. Schließlich brauchen sie nicht weit ziehen, um den Pansen zu füllen. Die Speisekammer »Wald und Flur« ist reichlich gefüllt. Feld und Wald bieten Äsung in Hülle und Fülle: Himbeer- und Brombeerranken, frische Gräser, Triebe und leckere Kräuter sprießen auf jedem Quadratmeter des Waldbodens. Die Hirsche verlassen die schützende Deckung der Abteilung 24 höchstens, wenn es stockdunkel ist, wechseln manchmal in die nahe Feldmark und vorm ersten Licht zurück in die Dickung. »Es wächst mit der Äsung«, sagen die Jäger, wohl wissend, dass das Wachstum des Kolbengeweihs nicht unerheblich von der Ernährung des Hirsches abhängt, und die ist nun in jeder Form vorhanden.

Anfang August ist es brütend heiß. Nachdem es nach Regen aussah, die dunklen Wolken sich wieder verzogen, geht aber endlich ein wohltuendes Gewitter herunter. Ich hoffe, die Hirsche verlassen bei gutem Licht die nasse Dickung, um sich die Decke von der Sonne trocknen zu lassen.

Der Gesang einer Mönchsgrasmücke begleitet mich, als ich die Eschenbahn verlasse und in eine Rücke Schneise einbiege, die zu einer Suhle im Jagen 24 führt. Nach der langen Dürre ist sie zwar bis auf ein Viertel ihrer ursprünglichen Größe ausgetrocknet aber gut angenommen. Hier will ich die Mittagsstunden verbringen und bin guten Mutes, die Waldgespenster zu Gesicht zu bekommen.

Diva, meine Schweißhündin, trottet lustlos bei Fuß. Die Hitze der letzten Tage behagt ihr nicht. Sobald uns der Schatten des Waldes umfängt, wird die Hündin aufmerksamer, fühlt, dass wir nicht auf einem gewöhnlichen Spaziergang, sondern auf Beute aus sind.

80, vielleicht auch 100 Meter pirschen wir auf der zugewachsenen Schneise in Richtung des Schlammlochs, da nehme ich eine Bewegung wahr. Durch das Fernglas erkenne ich nichts Außergewöhnliches, doch dann erscheinen über den durcheinanderwuchernden Stängeln und Stauden, Blättern und Büschen drei »gekrönte Häupter«, werden aber sofort wieder vom dichten Grün verschluckt. Umschwirrt von einer Wolke Ungeziefer, äsen im hellen Sonnenlicht kaum 50 Gänge entfernt, drei Hirsche. Lediglich ihre Rückenlinien sind zu erahnen, ihre Geweihe nur zu erkennen, wenn einer von ihnen aufwirft. Ab und zu reckt einer das Haupt über das Gräsermeer, senkt es aber bevor ich ansprechen kann wieder in den Bewuchs.

Ich bin zu einer grünen Salzsäule erstarrt, lasse mich lautlos ins Gras sinken, gehe in eine »Down-Lage«, vor der jeder Hundeführer Hochachtung gehabt hätte, bin aber trotzdem nur spärlich durch hohe Halme gedeckt. Reglos, flach wie eine Flunder, liege ich auf dem Boden, warte auf den Augenblick, da alle Hirsche weiteräsen. Die Hündin liegt neben mir. Da sie aus ihrer Warte das Wild nicht sehen kann, blickt sie gespannt zu mir. Eine leichte Brise weht uns entgegen, vertreibt Mücken und Fliegen. Von Hund und Jäger können die Drei also keinen Wind bekommen.
Endlich tauchen alle drei Hirsche ihre Äser wieder in das Grün, selbst die hohen Geweihe verschwinden, und ich kann mich etwas bequemer ausstrecken. Aber schon sind sie wieder da und sichern in die Runde. Ich erkenne durch die achtfache Optik, wie abgerissene Grasbüschel Zug um Zug langsam in den Äsern verschwinden.
Dicht an den Boden gekauert, nur den Kopf vorsichtig über das Gras gereckt, das Glas vor den Augen, habe ich Muße, jedes Geweih zu betrachten. Haupt für Haupt schaue ich mir an. Die Stangen sind zum Teil gefegt, bei einem Eissprossenzehner hängen schweißige Bastfetzen am Geweih. Ich erkenne sogar Fliegen auf den hellen Kolben.

Drei jüngere Hirsche, die nicht auf dem Abschussplan stehen, doch einer fehlt, ich hatte ja vier gefährtet. So sehr ich mich auch anstrenge, durch das Fernglas das grüne Gewirr zu entzaubern, der Vierte, vermutlich der älteste des Rudels, bleibt unsichtbar.

Ein Eichelhäher krächzt. Wieder werfen die Drei ruckartig auf, erstarren zu lebenden Standbildern. Die Lauscher gehen unruhig hin und her, der Windfang scheint unbeteiligt an dem Versuch, eine Gefahr zu orten. Akustische Störungen versuchen Wildtiere offenbar nur mit dem Gehörsinn zu deuten.

Ich wage kaum zu atmen. Endlich senkt der erste Hirsch seinen Windfang zurück in das Grün, verschwindet von der Bildfläche. Auch die anderen beginnen erneut unruhig zu äsen, werfen aber immer wieder auf. Nach bangen Minuten beruhigen sie sich schließlich, es liegt wieder tiefer Frieden über der Schneise.

Geduldig warte ich auf den Vierten im Bunde. Über eine Stunde mag ich schon flach auf dem Boden gelegen und den kleinen Trupp beobachtet haben, da ziehen alle drei gemächlich in die Dickung. Verhaltenes Stangenschlagen, ein paar trockene Zweige knacken, dann ist der Spuk verschwunden, nicht einmal ein Häher meldet sich.

Um die Idylle nicht zu stören pirschen wir behutsam zurück. Mein Hund aufrecht und bequem, ich tief geduckt, sodass mein Rücken schmerzt, bis wir uns mehr als 100 Meter von dem Feisteinstand entfernt haben und auch ich unsere Pirsch erhobenen Hauptes beenden kann.

Trotz aller Vorsicht musste der Alte etwas von uns mitbekommen haben, was sein Misstrauen erweckt, ihn nachhaltig vergrämt hat. Ich habe ihn nicht wieder gefährtet, geschweige denn zu Gesicht bekommen, das Waldgespenst, das du nur ahnst und niemals kennst.

Kapitel 16

Wenn Kraniche ziehen und die Damhirsche brunften

Der Osten schickt kalten Wind, und am bewölkten Himmel ziehen zahllose Kraniche mit ihm in Richtung ihrer Winterquartiere. Ich fahre in die entgegengesetzte Richtung, von der Lüneburger Heide nach Brandenburg nach Karwe. Von dem kleinen Flecken nahe Neuruppin, wo Friedrich der Große als Kronprinz von 1732–1740 nach seinem erfolglosen Fluchtversuch und anschließender Haft in Küstrin das Regiment zu Fuß »Kronprinz« führte, habe ich das erste Mal in den »Wanderungen durch die Mark Brandenburg« von Theodor Fontane gelesen. Nach abwechslungsreicher Geschichte wird das Gut nun von meinem Freund Hubertus v. d. K. bewirtschaftet. Er hat mich auf einen Damhirsch eingeladen. Doch vor den Erfolg haben die Götter den Schweiß und die Arbeiter auf deutschen Autobahnen die Geduld gesetzt. Vor dieser Jagd wird mir beides abgefordert, und das nicht zu knapp. Ein Waldkauz begleitet mit seinen Rufen unseren schweigenden Gang durch stockdunklen Kiefernwald, als Hubertus und ich zu dem Platz pirschen, wo inmitten einer wohl zehn Hektar großen Wildnis aus Traubenkirschen und nur wenigen anderen Holzarten seit vielen, vielen Jahren, vielleicht schon zu Zeiten von Fontane, die Damhirsche brunften.

In die dunkle Wolkendecke kommt Bewegung. Das Material, aus dem sie gegossen zu sein scheint, wird porös. In östlicher Richtung sind ab und an hellere Gebilde zu erahnen, verschwinden und tauchen an einer anderen Stelle am Himmel wieder auf. Als sich das erste Morgenlicht endlich zaghaft zwischen den Bäumen hindurchtastet, ziehen Unmengen von Kranichen dicht über uns hinweg. Anfangs neigte sich mein Kopf immer wieder gegen den Himmel, wenn einige der großen Vögel ziehen, aber dann wird aus einzelnen Rufen ein Konzert tausender Trompeten. Gewiss eine Viertelstunde dauert der Hauptzug, die Rufe aus zig-1000 Vogelkehlen übertönen die sporadisch meldenden Hirsche.

Der Schirm in der Nähe des Brunftplatzes ist eng, die Sitzbank nicht unbedingt für zwei große Männer gebaut. Nach dem meine Beine abwechselnd einschlafen, Kreuz und Nacken sich immer wieder verkrampfen und schließlich schmerzen, setze ich mich zu Hubertus auf den bemoosten Waldboden. Wir lugen durch die wenigen Öffnungen zwischen den dichten Fichtenzweigen, die uns nach allen Himmelsrichtungen Deckung geben sollen und starren gegen eine herbstlich bunte Wand aus bis zu drei Meter hohen Traubenkirschen. Der Wind passt zu unserer beider Beruhigung, aber die Hirsche sind überraschenderweise ruhig.

Eine bizarr gewachsene Lärche lenkt mich ab. Der Stamm macht in drei Meter Höhe einen Knick und wächst im rechten Winkel zur Seite. Der Baum ist gewiss über 50 Jahre alt. Erstaunlich, dass er nicht längst umgefallen ist, ein architektonisches Wunder der Natur. Ameisen schleppen, im Verhältnis zu ihrem Körper, riesige Rindenstücke hin und her. Immer wieder gleiten meine Blicke zu den rastlosen Insekten. Gut zehn Billiarden von ihnen sollen auf der Erde leben, es gibt bis zu 20.000 Arten. Damit wäre jedes hundertste Tier eine Ameise.

Etwa 150 Meter vor uns, hinter dem undurchsichtigen Blättervorhang, melden drei Hirsche. Offenbar haben sie sich in ihren Brunftkuhlen niedergetan und warten auf Kahlwild, denn ihre Stimmen kommen auch nach einer halben Stunde untätigen Wartens noch von derselben Stelle. Trotzdem harren wir aus. Die Vögel des Glücks stehen wahrscheinlich längst auf den geernteten Maisfeldern und halten Nachlese, als es auf dem Brunftplatz ruhiger wird, die Hirsche verschweigen. Hubertus und ich schauen uns an, zucken mit den Schultern, sind uns einig, dass es an der Zeit ist, den Ansitz abzubrechen und kriechen aus dem Schirm.

In dem Moment, als wir unsere verkrampften Gliedmaßen sortieren und recken, beginnt wieder ein Hirsch zu rufen. Augenblicklich meldet ein Zweiter, kurz darauf beteiligt sich auch der Dritte wieder an dem akustischen Wettbewerb. Eilig kriechen wir zurück in unsere primitive Behausung und lauschen gebannt dem urigen Konzert des Trios. Nach einer guten Viertelstunde herrscht jedoch erneut Ruhe um uns herum, ohne dass sich auch nur ein Wedel hat blicken lassen.

Fünf Stunden haben wir mehr oder weniger reglos im Schirm gelegen, und nach einem wiederholten Blick auf die Uhr beschließen wir endgültig, unseren Ansitz abzubrechen. Kaum haben wir uns hundert Meter vom Schirm entfernt, den breiten Weg erreicht, fühlen uns so sicher, dass wir uns im Flüsterton unterhalten, wird unser leises Gespräch unterbrochen. Die Hirsche schreien wieder, immer noch von derselben Stelle. Sie hatten sich nicht fortbewegt.

Im Jagdhaus wartet statt des Frühstücks schon das Mittagessen auf uns, aber für mich ist auch das köstlichste Mahl nicht so verlockend, wie die rülpsenden Laute, die aus dem Dickicht dringen und die Hoffnung auf einen alten Recken. Während wir gedämpft bereden, was wir machen sollen, zieht ein junger Schaufler hinter uns durch das Stangenholz. Es folgt ein Spießer. Als kurz darauf noch ein Spießer erscheint und obwohl er unseren vollen Wind bekommt, eilig Richtung Brunftgeschehen strebt, beeile mich zum dritten Mal an diesem Morgen zum Schirm zu kommen.

Hubertus verlässt mich schweren Herzens und überlässt mich meinem jagdlichen Schicksal. Die Büroarbeit wartet.

Kaum liege ich wieder im feuchten Moos, erblicke ich in Augenhöhe, 70, 80 Meter links Damwild, das heißt, den unteren Teil von den vier Läufen eines ziehenden Stückes. Noch bevor mich das Jagdfieber erfasst, mache ich den jungen Schaufler aus, der vor einer Stunde an uns vorüberzog und sich nun heimlich verdrückt. Wenig später sorgen hin und her schwingende Zweige erneut für erhöhten Pulsschlag. Auf der anderen Seite stiehlt sich ein Spießer davon.

In der Ferne fallen drei Kugelschüsse, die Reviernachbarn hatten zur Mais Jagd auf Sauen eingeladen. Sie nennen es Erntejagd, obwohl sie selber nicht gesät haben.

Leichte Windböen spielen in den dünnen Zweigen der Traubenkirschen. Die Bewegungen und das sanfte Rauschen, Rascheln der Blätter sind aber so sacht, so regelmäßig, dass sie meine Pulsfrequenz nicht erhöhen.

Meine Augenlider werden schwer. Das stundenlange, angespannte Horchen und Schauen ist ermüdend.
Schließlich taucht die sinkende Sonne das dichte Blättermeer der Traubenkirschen in ein Licht aus leuchtenden Farben, lässt die Rinde der alten Kiefernstämme rot aufschimmern. In Osteuropa geht die Sage um, Jesus sei mit Kiefernnägeln ans Kreuz genagelt worden, deshalb sei die Rinde durch das Blut rot gefärbt.
Da wechseln zwei Hirsche aus dem Dickicht und verhoffen links auf weniger als 100 Gänge: zwei junge Schaufler, vielleicht vier, vielleicht fünf, Jahre alt, einer mit ebenmäßigem Geweih, der andere mit beidseitig auffällig zerrissenen Schaufeln. Nervös sichern sie zurück. Ich überlege, zögere, viel Zeit bleibt mir nicht mehr, noch ein Abend, eventuell auch noch ein Morgenansitz waren für den Aufenthalt bei meinem Freund eingeplant, dann muss ich das herrliche Revier wieder verlassen. Als ich mich endlich entschlossen habe, den Hirsch mit den zerrissenen Stangen zu schießen und in Anschlag gehe, zieht er spitz von mir fort. Durch das Absehen des Zielfernrohres verfolge ich ihn knapp 100 Gänge bis er im Meer der Traubenkirschen eintaucht.

Kaum habe ich die Büchse abgesetzt, bricht es. Äste, Zweige, Blätter geraten in wilden Aufruhr, sorgen erneut für Aufregung, und Damwild prescht durch das Gestrüpp davon. Zwei Stangenpaare erkenne ich noch und drei Stück Kahlwild, dann ist Stille um mich herum, bis es, kaum dass mein Herz wieder im normalen Takt schlägt, erneut knackt. Ein Eichelhäher warnt, und dann erscheint die Ursache seiner misstrauischen Unruhe: Drei Pilzsammler streben, ohne mich zu bemerken, mit zwei Körben voller Maronen, der Beute, die sie auf dem Brunftplatz gemacht haben, zum Hauptweg und sind nicht mehr zu sehen.

Die 8 × 57 Patrone verlässt schließlich meine Büchse nach hinten, der Lauf bleibt sauber. Ich mache mich auf den Heimweg. Von 6 bis 18 Uhr hatte ich in dem engen Schirm ausgeharrt, 12 Stunden lang. Es war keine verlorene Zeit, geschweige denn langweilig, auch wenn ich nichts geschossen hatte.

Am nächsten Morgen wird mir die Zeit aber doch lang. Ich blicke wieder auf die undurchsichtige, undurchdringliche Mauer aus Stauden der Traubenkirsche. Manche sind noch grün, andere gelb, dazwischen strahlen feuerrote Blätter, und die braunen warten von nachfolgenden verdrängt zu werden. Unterbrochen wird das große Farbenwunder von Birken, die sich durch ihre weiße Rinde harmonisch in das Spektakel einpassen. Auch im Preußenland »Indian Summer«, das große Naturschauspiel, wenn der Herbst die Schirmherrschaft der Jahreszeiten übernimmt, noch einen Hauch von Sommer durch das Laub rascheln lässt, während wir die Zeit loslassen müssen, damit aus dem Ende wieder ein Anfang wird.

Außer den Rufen der Kraniche und Gänse ertönt das fröhlich anmutende Gekicher eines Grünspechts. Es folgt tiefes Schweigen, kein Laut mehr, nicht im Himmel, nicht auf der Erde.

Doch da meldet ein Hirsch. An derselben Stelle wie gestern. Erst verhalten, dann häufiger, kraftvoller, dringt das an- und abschwellende, drängende, trotzige, dann leiser werdende, grunzende Röhren herüber. Dann, wie auf einen geheimen Befehl, schreien alle drei. Obwohl sie laut röhren und grunzen, haben sie ja nicht viel zu sagen, müssen vor der Brunft lange Wanderungen unternehmen, um sich, in ihren Brunftkuhlen liegend, dem Kahlwild anzubiedern. Ich fühle mich als Voyeur der »Damenwahl« in der Paarungszeit des Damwildes.

Der Wind weht optimal. Da ich glaube, es ist erfolgversprechender, nicht passiv am Rande des Brunftplatzes zu warten, sondern aktiv zu werden, verlasse ich den Schutz des Schirmes.

Ein bis zwei kurze Schritte, lauschen, mit dem Glas zu versuchen, die Traubenkirschen Wildnis zu durchdringen, auf den Erdboden konzentrieren, forschen, wohin ich meine nächsten Schritte setzen kann und gleichzeitig Ausschau nach einem Baum halten, an dem ich die Büchse anstreichen könnte, so quäle ich mich durch den exotischen Urwald.

Nachdem ich mich in meiner mühsamen Pirsch wohl hundert Meter vom Hauptweg entfernt habe, fast eine Viertelstunde für den anstrengenden Schleichmarsch benötigte, trotz der Kühle nass geschwitzt bin, lasse ich meinen Zielstock zurück. Er ist keine Hilfe mehr. In der linken Hand halte ich die Büchse, in der rechten das Fernglas, um jederzeit reagieren zu können.

Behutsam geht es weiter, 20, vielleicht auch nur 15 Schritte, in den unübersichtlichen grünen Dschungel, in dem ich mitunter nur höchstens zehn Meter Sicht habe.

Zweige streifen sacht rauschend an meiner Jacke entlang. Furchtbar laut befürchte ich. Das Knistern kommt mir fast ohrenbetäubend laut vor, aber es ist gewiss nicht weit zu vernehmen, und der Bewuchs um mich herum ist zu dicht, als dass ich mich geräuschlos des störenden Kleidungsstückes entledigen kann. Noch langsamer, noch behutsamer muss ich sein und mache vorsichtig drei weitere Schritte. Während sich das Wild fast lautlos bewegt, gelingt es mir nicht mehr, mich leise zwischen den dünnen Zweigen hindurch zu stehlen oder meine Stiefelsohlen immer völlig geräuschlos auf den mit Blättern und Reisig bedeckten Boden zu setzen.

Mit der rechten Hand muss ich immer wieder dünne Stämme der Traubenkirschen beiseite drücken, um mich zwischen ihnen hindurch zu zwängen. Ab und zu peitscht ein Zweig zurück und schlägt mir ins Gesicht. Dann werden die Büsche »durchsichtiger« als am Rand des großen Jagens, doch nach fünfzig beschwerlichen und ermüdenden Schritten wird die Sicht wieder schlechter, der Bewuchs dichter, weiter als 40, 50 Meter kann ich kaum noch sehen.

Plötzlich erhasche ich eine Bewegung, Zweige schwanken. Der Blick durchs Fernglas entpuppt Damwild. Ob Tier, ob Hirsch, kann ich nicht erkennen, zu dicht ist der Bewuchs, obwohl das Stück nur 30 Gänge entfernt verhofft. Schließlich wird klar, es nicht der Hirsch, er schreit 20 Meter rechts. Ein Bein habe ich angewinkelt, will einen weiteren Schritt machen, da erscheint ein Tier neben mir. Ich kann mich gerade noch an die Kiefer dicht neben mir lehnen, sonst wäre ich gefallen, hätte das Gleichgewicht verloren.

Dem unsichtbaren Hirsch kann ich mich erst wieder widmen, als das Stück vor mir fortgezogen ist. Er meldet fast ohne Pause, und ich schleiche näher. Der erneute Blick durch das Fernglas offenbart einen Schatten, der nicht so recht dort hinpasst. Ich bilde mir ein, die Umrisse eines Hirsches auszumachen. Anstrengende Herzklopfen verursachende Augenblicke vergehen, dann kommt Leben in den Schatten, ich mache das erste Mal zwei mächtige Schaufeln aus. Zu mehr reicht die Zeit nicht, der Hirsch verschwindet, taucht wieder schemenhaft auf, aber so verdeckt durch Zweige, Äste und Blätter, dass ich nicht einmal das Gewehr hochnehme.

Dann ist er wieder verschwunden. Stattdessen eilt ein Spießer vorüber. Ich bin verurteilt zu warten bis er verschwunden ist, kann nur hoffen, der Starke zieht vor mir über eine kleine Lücke, denn es ist unmöglich weiter zu schleichen. Eine riesige, vor Jahren gestürzte Kiefer versperrt den Weg. Ich müsste sie übersteigen, das würde wegen der trockenen Äste bei allem Geschick nicht lautlos von statten gehen.

Unvermittelt atemlose Stille. Kein Hirsch schreit, kein Stangengeklapper. Für einen Augenblick schiebt die Sonne die Wolken bei Seite. Eine zarte Brise weht mir entgegen und eine Flut von Traubenkirschenblättern wirbelt aus dem bunten herbstlichen Ozean, zerstreut alle Befürchtungen, der Wind würde küseln.

Da kommt der Hirsch schreiend zurück, verschwindet, taucht wieder auf, verschwindet aufs Neue, ruhelos, unstet, ganz im Gegensatz zu seinem Verhalten im Rest des Jahres, und zieht bis auf 40 Gänge heran. Sehen kann ich ihn nicht, vernehme im raschelnden Laub lediglich seine Tritte, bis er verhofft, wie meine Ohren bestätigen, und ich glaube wieder einen Schatten zu erspähen.

Als er verschwimmt, langsam nach rechts schwebt und nach quälenden, langen Augenblicken zehn Meter weiter, immer noch verdeckt, in einer kleinen Lücke erscheint, nehme ich behutsam wieder die Büchse hoch, um ihn durch das Zielfernrohr zu fixieren. Endlich erkenne ich auch das Haupt, die breiten Schaufeln, die kurzen Augsprossen und den langen Dorn in der linken Stange, zweifellos ein Hirsch, der das Zielalter erreicht hat, aber nach wenigen Augenblicken scheint er sich in Luft aufgelöst zu haben, hat ihn das dichte Gestrüpp wieder verschluckt.

Ich war so auf ihn konzentriert, dass ich den Knieper, der sich von der anderen Seite genähert hat, Wind bekommt oder meine behutsame Bewegung eräugt und in ungelenken Fluchten davon prasselt, zu spät wahrgenommen habe. Links schleicht ein angehender Schaufler vorüber, wie ich, nachdem ich ihn durch das Glas gemustert habe, feststelle.

Wieder verschweigen die Hirsche. Es ist rundherum wieder ruhig. Kein Laut, keine Bewegung. Ich lehne immer noch an der alten Kiefer, als ein Hirsch vor mir fortzieht und verschwindet. Im Zeitlupentempo gehe ich in Anschlag. Als er erneut aus dem Gesträuch auftaucht, habe ich den schweren Wildkörper im Zielfernrohrabsehen. Vier, fünf Gänge noch, dann ist er frei, dann ist er mein. Aber schon durchfährt mich ein Schreck. Die mächtigen dunklen Schaufeln sind verschwunden. Es ist ein junger Beihirsch. Der Alte meldet links von mir.

Behutsam quäle ich mich über die vertrockneten Äste, doch so sehr ich mich auch bemühe, lautes Knacken unter meinen Schuhsohlen lässt sich nicht vermeiden. Es ist wohl mehr Verzweiflung als Hoffnung, aber dann wird der Bestand wieder übersichtlicher. Stellenweise kann ich knapp hundert Meter weit sehen und erkenne nach einem kurzen Rundblick drei Brunftkuhlen. Mittlerweile bin ich fast eineinhalb Stunden lang unterwegs, bin erschöpft, mache eine Rast, lehne mich an eine alte Kiefer, in der Hoffnung, der Hirsch würde zurückkehren, und wie aus dem Nichts gekommen, steht urplötzlich ein Damhirsch neben einer der Brunftkuhlen. Vorsichtig wandert mein Glas vor die Augen. Was ich sehe beschleunigt meinen Pulsschlag: Ein guter Schaufler äugt unablässig zu mir her. Bei einer meiner geringsten Bewegungen würde er abspringen. Vor Aufregung stockt mir der Atem. Dem Gebäude nach ist es der Platzhirsch. Ich erkenne das starke Geweih. Fast zwei Stunden lang hatte ich einem Phantom nachgejagt, nun steht es mir bewegungslos gegenüber.

Ich bin versucht, im Zeitlupentempo das Glas abzusetzen und vorsichtig die Büchse hoch zu nehmen, doch gewiss wartet mein Gegenüber nur auf eine Bewegung des für ihn noch nicht sicher ausgemachten Wesens vor ihm und würde sogleich abspringen. Vielleicht vermutet er auch in den unvermeidlichen Geräuschen, die ich verursacht habe, einen Nebenbuhler, alle seine Sinne konzentrieren sich jedenfalls auf mich. Bange Minuten! Allmählich strengt es an das Glas in einer Hand ruhig zu halten. Auch der linke Arm, der das Gewehr hält, wird schwer und schwerer. Der Hirsch steht wie ein Denkmal. So kann es nicht weitergehen, überlege ich. Arme Rücken und Beine schmerzen. Zudem beschlagen meine Brillengläser. Die Geduldsprobe, die er mir aufzwingt, muss ich verkürzen, doch da senkt er sein schweres Haupt. Der Schuss bricht, fast zeitgleich fällt auch der Hirsch. Während über mir die Kraniche in mehreren großen Keilformationen gen Westen ziehen, kniee ich erschöpft neben einem nicht uralten, aber den Abschussrichtlinien entsprechenden starken Schaufler, denke dankbar und entspannt an einen zwölfstündigen Ansitz, eine zwei Stunden lange, anstrengende Pirsch und lausche den Geschichten, die mir der Wald, die Bäume und Sträucher, Vögel und Insekten zu erzählen haben.

Kapitel 17

Im Herzen Masuren(s)

Über 40-mal bin ich zur Jagd nach Masuren gereist. Als ich die ersten Male nach Ostpreußen kam, standen dort massenweise Autos mit deutschen Nummernschildern. Auf den Speisekarten der Restaurants wurden den Besuchern aus Westdeutschland, den vielen Vertriebenen, die die alte Heimat besuchten, nach den Wurzeln ihrer Familien forschten, deutsche Gerichte in deutscher Sprache angeboten. Das ist anders geworden: Ich muss meinen Enkeln erklären, wo Ostpreußen auf der Landkarte liegt, welche abwechslungsreichen Schicksale das Land im Laufe der Geschichte erleiden musste. »Papusch ist in Masuren und schießt das dritte Mal seinen letzten Hirsch«, hatte mein Sohn seinen Kindern nämlich erzählt, als die ihn fragten, wo ich sei.

Ich hatte geäußert, irgendwann müsse man Schluss machen, mit fast 80 Lenzen auf dem Buckel ist man schließlich den körperlichen Strapazen nicht mehr gewachsen, nach alter Väter Sitte einen Rothirsch in der Brunft zu erlegen, nicht vom Hochsitz aus, sondern indem man ihn angeht. In einem Anflug von Überheblichkeit wollte ich meinem Grundsatz auch dieses Mal nicht abweichen.

Keine Spur von Herbstfärbungen in der Natur – Vorboten der Hirschbrunft – sie lassen auf sich warten. Die Wälder sind noch grün. Auch der Wein an der Westseite des ehemaligen preußischen Forstamtes Kulik, der mich in den letzten Jahren zur Brunft stets in einem leuchtend roten Kleid empfing, präsentiert sich in schlichtem, dunklerem Grün.

Das Blaubeerkraut ist von der lang andauernden Hitze des Sommers braun, trocken. Die Eicheln auf dem Waldboden, notreif von den Bäumen abgestoßen, sind nur fingernagelgroß. Die Saat für das kommende Jahr wird kümmerlich ausfallen. Der Wasserspiegel der Seen ist tief gesunken. Breite, verdorrte Schilfgürtel säumen die Ufer, lassen ahnen, wo sich der Wasserstand im Frühling befand.

Viele Vögel sind von ihrem traditionellen Lebensrhythmus abgewichen. Jetzt im letzten Viertel des Mondes machen Rauch- und Mehlschwalben keine Anstalten, sich für die große Reise nach Süden zu versammeln, und Kiebitze gaukeln noch über die Wiesen.

Beim kurzen Abendspaziergang um das alte Forsthaus ist die Sicht im Kiefernaltholz auf wenige Meter begrenzt. Die jungen Birken und Buchen, dazu große Traubenkirschen Bestände sind noch dicht belaubt. In den Vorjahren konnte ich zu dieser Jahreszeit das Rotwild auf 150 Meter durch die Bestände ziehen sehen. Klimawandel? Am Abend, bevor das Wild auf die Freiflächen treten würde, kühlt sich die Luft ab. Dichter Nebel liegt über Wiesen, Weiden und Blößen, beeinträchtigt die Sicht. Er verzieht sich, wenn das Wild längst in die Tageseinstände gezogen ist und sich zum Wiederkäuen und Ruhen niedergetan hat. Erst am frühen Vormittag wird der Dunst endgültig von der Sonne gierig aufgesaugt.

Trotzdem sitzen wir am Morgen an einer großen Wiese und lauschen in die feuchte Stille. Pavel hatte sich angeboten, meine Waffe zu tragen, offenbar sieht man mir mein fortgeschrittenes Alter an, ärgerte ich mich und lehnte das freundliche Angebot ab.

Mitunter wabern leichte, durchsichtige Schleier über das nasse Gras, aber meistens glotzen Pavel, mein polnischer Jagdführer und ich gegen eine undurchsichtige Wand, die bis zehn Uhr nicht von den Sonnenstrahlen gelichtet wird. Enttäuscht wollen wir schließlich die Jagd für diesen Morgen abbrechen.

Als ich aufstehe, zieht ein junger Kronenhirsch am Waldrand entlang. Seine dunkle Mähne täuscht nicht darüber hinweg, dass er nur sechs oder sieben Jahre alt ist. Wie ein Scherenschnitt gleitet er über den Nebel dahin. Pavel schaut zu mir, fordert mich mit einer Geste seines Zeigefingers auf, zu schießen. Vom Hochsitz aus? Einen Zukunftshirsch? Ich steige kopfschüttelnd die Leiter hinab, und freue mich auf den Abendansitz.

Die Kameraden, die mit mir in Kulik jagen, hatten an diesem Morgen kein Wild gesehen, einer von ihnen aber drei Wölfe beobachtet, die bei bestem Licht über eine Wiese getrabt waren. Vor einem anderen Jäger kreuzten, kurz nachdem die Männer das Jagdhaus verlassen hatten, im Scheinwerferlicht zwei weitere Grauhunde den Weg. Einen Hirsch hatte niemand melden gehört.

Mittags brennt die Sonne mit über 30° auf das verdorrte Land. Das Wild zieht erst aus den Beständen, wenn es stockdunkel ist, der Dunst Abkühlung bringt. Am frühen Abend sitzen wir wieder auf der Kanzel an der großen Wiese. Kraniche rufen von einem der Seen, unterbrechen die grenzenlose Stille der weiten Johannisburger Heide. Früher waren die Vögel des Glücks zu dieser Jahreszeit längst Richtung Süden gezogen. Vor uns im Nebel stehen Alttier und Kalb. Zwei Rehe wechseln zügig über die Fläche. Sonst lässt auf den ausgedienten Grünflächen, wo Rehwild im Frühjahr reichlich Äsung findet und sich auch die Rehbrunft abspielt, kein Stück blicken. Das braune Gras ist wenig schmackhaft, zu trocken für den Feinschmecker Capreolus capreolus. Blumenreiche Wiesen gehören aber auch hier der Vergangenheit an. Kamen vor nicht allzu langer Zeit 20, 30 unterschiedliche Pflanzenarten vor, sind es heute auf denselben Flächen nur noch drei oder vier verschiedene Futterpflanzen. Unser Wildmeister benutzte nicht den nüchternen wissenschaftlichen Ausdruck Selektiväser, sondern lehrte uns den anschaulichen Satz: »Rehwild und Hasen haben einen goldenen Zahn.«

Da springen Tier und Nachwuchs ab. Hinter uns Quietschen und Schnaufen. Ich erwarte Sauen, doch 20 Meter vor uns trollt ein Elch, ein »Fahrradlenker«, mit einem Schmaltier über die Wiese. Der junge Hirsch hat seinen Windfang am Feuchtblatt des Tieres, versucht es zu beschlagen. Das Stück macht einige unbeholfene Fluchten, verhofft, der Hirsch vier, fünf weitere Versuche, bis die beiden vom Nebel verschluckt werden.

Am nächsten Abend harren wir auf derselben Kanzel. Plötzlich leuchtet am gegenüberliegenden Waldrand ein helles Lauscherpaar über jungen Fichten – ein Alttier. Bewegungslos äugt es starr zu uns. Offensichtlich hat es hier schlechte Erfahrungen gemacht. Schließlich wendet es sich ab und ist klammheimlich verschwunden.
Als es beginnt zu dämmern, knöre ich mit meinem Ochsenhorn in die Stille. Schon trollt aus dem gegenüberliegenden Bestand ein Hirsch. 30 Gänge vor uns verhofft er. Ohne das Glas hoch zu nehmen spreche ich Ihn als blutjungen Kronenhirsch an. Neben mir wieder Pavels Aufforderung mit dem gekrümmten Zeigefinger zu schießen, aber ich lehne auch das zweite Angebot ab, und beende unseren Ansitz. Ein dreiköpfiges Rudel, Sechser, Achter und junger Zwölfer, wechselt auf dem Rückweg vor uns in den Wald – Kirchgang, ein kaum noch gebräuchlicher Ausdruck alter, hirschgerechter Jäger. Wie treffend auch für diese jungen Hirsche, die vertraut ihrem Tageseinstand zu ziehen.
Kaum haben wir es uns am Abend erneut auf der Kanzel bequem gemacht, krabbelt ein Marienkäfer an meinem Gewehrschaft entlang. Glückskäferchen nannte meine Schwester die kleinen Gesellen – ein gutes Vorzeichen überlege ich. Da tritt ein Rottier aus, ihm folgen ein Schmaltier und ein Spießer. Vertraut äsen die drei 20 Gänge entfernt, doch dann werfen sie auf, sichern und springen ab. Genau genommen trifft der Ausdruck »abspringen« für Rotwild ja nicht zu. Rehe preschen in hoher Flucht aus dem Stand los, Rotwild benötigt einige trabende Gänge Anlauf, um dann weite Fluchten machen zu können.
Es war nicht der Wind, der gedreht und das kleine Rudel vertrieben hat. Ein Wolf trollt von der anderen Seite der Wiese auf uns zu, verschwindet genau dort, wo sich das Rotwild in den Wald verzogen hat, und plötzlich hallt markerschütterndes Klagen zu uns herüber.

Wenige Sekunden später prescht das Alttier über die Wiese, es folgt der Spießer. Das Klagen erstirbt in jämmerlichem Röcheln. Schließlich herrscht wieder Ruhe und Frieden um uns herum. Pavel flucht vor sich hin, schiebt sich einen Glimmstängel zwischen die Lippen und zuckt mit den Schultern. Zwei Amseln warnen und sorgen für Spannung, aber bis es dunkel wird, lässt sich kein Wild mehr blicken. Auch ich vermute, der Wolf hat das Schmaltier gerissen.

Am nächsten Morgen schleichen wir nach dem Frühansitz, der uns kaum Anblick bescherte, zu der Stelle, von der am Vorabend das Klagen kam. Der Grauhund hatte tatsächlich das Schmaltier gegen ein Kulturgatter gehetzt und gegriffen. Am Haupt hatte es sich tiefe Hautabschürfungen zugezogen als es das Drahtgeflecht angeflohen hatte. Gras und Blaubeerkraut sind auf einer Fläche in der Größe eines Wohnzimmers niedergetreten, Schweiß, Knochen, Deckenreste liegen verstreut herum. Gescheide, Pansen und Därme sind nicht angerührt, das linke Blatt und die linke Keule fehlen.

»In den nächsten Jahren dürfen wir keine Wildzäune bauen und müssen den Jagddruck erhöhen, hat das Ministerium bestimmt«, unterbricht mein Führer die Stille, als wir nachdenklich vor dem Riss stehen. Pavel sieht der Entscheidung mit Sorge entgegen. Wald vor Wild, die Devise setzt sich auch in Masuren durch. Schweigend fahren wir zurück zum Jagdhaus.

So lange kein Hirsch meldet, ist es nicht sinnvoll auf gut Glück in die Nähe der Einstände zu pirschen. Die Devise kann nur lauten: Warten und hoffen, dass es kühler wird – und ich habe Glück. Mittags bezieht sich der Himmel. Es wird kühler. Mit jedem Grad mit dem die Temperatur sinkt, steigt meine Zuversicht, und als die Mannschaft abends das Jagdhaus verlässt, herrscht Hochstimmung bei den Jägern.

Kaum Nebel. Vereinzelt meldet ein Hirsch, als Pavel und ich an einer Wiese entlang pirschen. Zwei Wacholderdrosseln schwirren herbei, hüpfen ein paar Minuten herum, finden im trockenen Boden aber nicht die erwartete Beute und streichen ab. Da stürmt ein junger Hirsch, ein Zwölfer, aus dem Kiefernbestand, verhofft mitten auf der großen Fläche, schreit ohne Pause und ein Tier tritt aus. 100 Meter weiter erscheint ein weiteres, und auf der anderen Seite, wohl 150 Gänge entfernt, noch ein Tier mit Kalb. Innerhalb einer Viertelstunde äsen weit verstreut elf Stück Kahlwild auf der weiten Wiese. Zwischen ihnen trollt der junge Hirsch hin und her, meldet ununterbrochen, trabt unermüdlich von einem zum anderen, wird aber bis es dunkel ist von den Stücken kaum beachtet. Fast zwei Stunden beobachten wir das Schauspiel, aber kein weiterer Hirsch lässt sich blicken. Ich schließe immer wieder die Augen, lausche, und vernehme dann im entfernten Moor eine gute Stimme. Als die Schatten schon lange vom Erdboden in die dunklen Kiefernkronen gewandert sind, traben zwei Wölfe am Rande der Wiesen entlang, und als sich die bunte Kulisse rund herum in ein eintöniges Grau Grün gewandelt hat, beenden wir auch diesen stimmungsvollen Abendansitz.

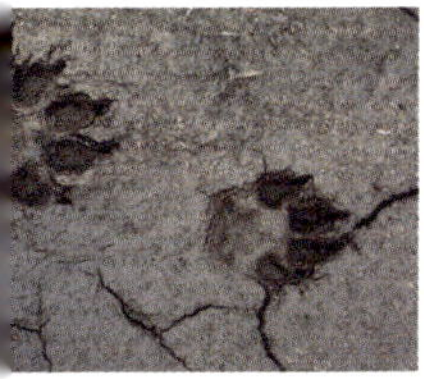

Am Abend wollen wir uns in das große Moor, den Tageseinstand der Hirsche wagen. Rotwild gibt es reichlich, die vielen Fährten auf den breiten Sandwegen bezeugen es, doch zwischen ihnen stehen zahlreiche Wolfsspuren, stelle ich auf unserem Marsch fest. Als wir kaum mehr als 100 Meter in die grüne Wildnis vorgedrungen sind, werden wir aufgehalten. Kahlwild zieht vor uns her, nur Lauscher sind ab und an auszumachen, nicht einmal ein Haupt ist zu sehen. Der Unterwuchs ist zu dicht, das Gras zu hoch. Nirgends scheint eine Stelle, wo sich der Bewuchs etwas gelegt hat, eine Chance bestehen würde, einen Wildkörper frei zu bekommen. Schilf und Gräser haben in diesem Herbst noch keinen Frost gespürt, alles steht dicht und aufrecht, wird sich erst allmählich neigen und auf den Boden legen, wenn die Temperaturen weiter fallen.

Selbst im Moor, dass ich als Mücken verseucht in den letzten Jahren oft verwünscht, am liebsten gemieden hätte kein Moskito, keine einzige Mücke belästigt uns. Auf unseren früheren Pirschgängen fielen sie zu Hunderten, zu Tausenden über uns her. Ein zweifelhafter Segen des Klimawandels. Kaum ein Singvogel ist zu sehen oder zu hören. Lediglich zwei Eichelhäher stehlen sich davon. Und dann gibt es wieder einen Grund zum Staunen: Ein Frosch, kein plumpes Krötentier, hüpft elegant in großen weiten Sprüngen vor mir fort und bringt sich mitten im trockenen Kiefernwald in Sicherheit.

Für Pfifferlinge, Steinpilze, Maronen und Co. ist es in den letzten Wochen zu trocken gewesen, sonst bis in die entferntesten Winkel des über 20.000 Hektar großen Reviers dringende Pilzsammler stören den Frieden nicht.

Ein Seeadler blockt rechts von uns in der Krone einer abgestorbenen Lärche knapp 50 Meter entfernt auf, schüttelt sein Gefieder und streicht, als er uns eräugt, ab. Dann herrscht, als wir eine Viertelstunde lang mucksmäuschenstill verhoffen, beklemmende, ohrenbetäubende Stille um uns herum, bis wir schließlich durch den reichlichen auf Blättern, Schilf und Zweigen haftenden Tau bis auf die Haut durchnässt frustriert den Rückweg antreten.

Noch haben wir das Moor nicht verlassen, da meldet ein Hirsch. Auch wenn er zügig in unsere Richtung ziehen würde, und wir ihm entgegen pürschten, würden wir schwerlich noch bei Büchsenlicht nahe genug an ihn herankommen. Meine Befürchtung ist berechtigt. Trotzdem will ich es versuchen. Mein Ruf auf dem Ochsenhorn hallt durch die nahende Dämmerung. Sofort, sofort kommt Antwort. Der Hirsch ist auf den Läufen. Ein kurzer Blick zu Pavel, der nickt zustimmend, und los geht es. Ohne große Rücksicht auf brechende Zweige und andere Geräusche von uns zu nehmen, bewegen wir uns am Rande eines durch Borkenkäferbefall zerstörten Fichtenbestandes entlang - Waldarbeiter und moderne Maschinen kommen mit dem Einschlagen der Flächen kaum nach – auf den röhrenden Hirsch zu. »Klimawandel« entnehme ich Pavels Worten, als er auf die abgestorbenen Bäume deutet, die wie ein Geisterwald wirken. Dass mitunter in diesen scheinbar toten Flächen mehr Leben als in vermeintlich heilen Wäldern herrscht, wie die Wissenschaft herausgefunden haben will, ist für mich schwer zu glauben.

Der Wettlauf mit der Zeit ist spannend. Mal antworte ich mit dem Ochsenhorn, mal schreit der Hirsch und verrät, dass wir uns näherkommen. Das Licht schwindet allmählich. Auf den wenigen Freiflächen ist Ansprechen noch möglich, unter den hohen Erlen wird es schwierig, da löst sich nach Minuten des Schweigens ein dunkler Wildkörper aus dem Schatten der Bäume. Pavel hält eine Faust hoch, streckt den Zeigefinger und krümmt ihn mehrmals, aber ich schüttele abermals den Kopf.

Klar ruft der Hirsch noch einmal in die Dämmerung, aber er ist nur schemenhaft zu erkennen, es ist zu dunkel, zu diesig, um ihn anzusprechen. Sein Geweih kann ich nur ahnen, obwohl er so nahesteht, dass ich meine, seinen Atem zu spüren. Langsam zieht er an uns vorbei, verhofft noch einmal scheibenbreit auf weniger als 30 Gänge.

Pavel stößt mir unsanft mit dem Ellenbogen in die Seite, und wieder die Aufforderung mit dem Finger, doch ich lasse mich auch diesmal nicht umstimmen, denke daran, wie angenehm es war, als ich keine Rücksicht auf Begleiter nehmen musste, ohne Führer in diesem Revier pirschen, selber jagen durfte. Es war das letzte Mal, dass ich einen Hirsch in Ostpreußen gehört habe.

Die Wettervorhersagen aus dem Radio verheißen für die nächsten Tage nichts Gutes: Anhaltende Hitze, Tagestemperaturen über 30°, nachts keine Abkühlung. Nach den Nachrichten folgt eine Unwetterwarnung mit anschließendem Kommentar über den weltweiten Klimawandel, der im Süden Europas für Waldbrände und Überschwemmungen sorgten wird.

Ganz allmählich verabschieden sich die Farben des Sommers, als ich wehmütig meine Rückfahrt aus der Johannisburger Heide, dem Herz von Masuren, in die Lüneburger Heide antrete. Die Heckenrosen sind verblüht, einzelne, leuchten aber auch an diesem nebelig trüben Tag noch, als falle es ihnen schwer, sich mit dem Nahen der dunklen Jahreszeit anzufreunden und den Hagebutten, die endgültig den Herbst einläuten, zu weichen. Ich bin mit meinen Gedanken noch im Revier bei den Hirschen, ich glaube, es ist tatsächlich meine letzte Jagdreise gewesen. Alt ist man dann, wenn man an der Vergangenheit mehr Freude hat als an der Zukunft.

Kapitel 18

Blende statt Büchse

Nicht nur in Europa weht Jagd und Jägern kräftiger Wind entgegen, oft von gutmeinenden Ideologen mit wenig Fachkompetenz. Als Jagdbegleiter komme ich auf meinen Reisen weltweit mit naturbegeisterten, tierlieben Gutmenschen zusammen. Manche verstehen die Natur, manche weniger, andere haben sich ihr Wissen angelesen, weil sie in der Großstadt aufgewachsen sind und mangels Erlebens ideologischen Fantasien nachhängen. Naturverständnis – meistens Fehlanzeige.

Somit treffe ich auf meinen Fotosafaris, oft als Abenteuer Safaris gepriesen, Menschen mit wenig Bezug zur Natur, Leute, die Wildtiere nur aus dem Fernsehen oder Zoo kennen. Viele haben nie ein Feuer gemacht, einen Sonnenaufgang erlebt, sind nie von Moskitos gestochen worden und verzweifeln, wenn sie im Busch kein WC finden. Ich bemühe mich ihnen die Natur so zu erklären, ihnen so näherzubringen, wie ich meine Umwelt in Wald und Flur von Jugend an erlebt und erfahren habe, das ist nicht immer einfach.

Die Kamera vor das Gesicht gepresst, ein Auge zugekniffen, nehmen die Leute, die mit mir im Gelände Auto sitzen, all das, was sie nicht durch den Sucher der Kamera sehen, meistens um sich herum überhaupt nicht wahr.

In den großen Naturparks Afrikas dürfen Touristen den Wagen nicht verlassen und herumlaufen. Auch wenn viele Gäste das nicht verstehen, der Grund ist nachvollziehbar: Es gibt dort wesentlich mehr Lebewesen, die einen piesacken, stechen, beißen oder auffressen könnten als in Europa.

Am Tage gehört Afrika den Touristen, nach Einbruch der Dunkelheit fordern die Tiere den Busch zurück. Halten sich die Menschen nicht an die Regeln und passen nicht auf, werden sie schnell Teil des natürlichen Nahrungskreislaufes, so mancher hat hier schon sein Leben verloren oder zumindest das eine oder andere Körperglied.

Zwischen Sonnenunter und -aufgang ist es in den Parks verboten, sich abseits der Camps zu bewegen, und dadurch ist eine Restwildnis des Busches erhalten geblieben. Weil Besucher ihre Fahrzeuge außerhalb der Rastanlagen nicht verlassen dürfen, haben viele Tiere sich an Autos gewöhnt und fühlen sich durch sie nicht bedroht. Man kann bis auf wenige Meter an eine Lagune voller Flusspferde, eine Herde Büffel, einen in einer Astgabel dösenden Leoparden oder eine Löwin mit ihren Jungen heranfahren und die »harmlosen« Tierchen fotografieren. Dadurch bekommen viele Menschen einen falschen Eindruck von der Wildnis und ihren Bewohnern.

»Dort sind ganz viele Rehe!«, freut sich einer meiner Gäste auf der Fahrt durch die Serengeti. »Das ist ein Rudel Impalas«, doziere ich und werde unterbrochen: »Da stehen Tiere, wissen Sie, wie die heißen?« Ich lasse mich nicht aus dem Konzept bringen. »Impalas, die häufigste Antilopenart des südlichen Afrikas«, fahre ich fort. Stimme aus der letzten Reihe: »Ich habe eben Tiere gesehen, können wir noch mal zurückfahren? Ich möchte die gerne für meinen Enkel fotografieren«, aber da wartet schon die nächste Attraktion: Auf dem kargen Sandboden äsen Gnus. »Cool«, kommentiert eine übergewichtige Dame, »die armen Tiere, warum füttert man die denn nicht, die haben doch gar nichts zu fressen«, äußert sich schüchtern eine andere. Dann herrscht Stille im Bus. Filmkameras surren, Handys klicken, eine Frau flüstert: »Wird Gnu mit einem oder zwei »u« geschrieben?« Ihre Nachbarin raunt: »Können Sie zwei Meter vorfahren?«

Weiter geht die Fahrt. »Sind das wirklich Elefanten?«
»Ja«, kann ich den Mann aus Wuppertal beruhigen, als die grauen Riesen zwanzig Meter vor uns über die Straße schlurfen. »Die habe ich mir ganz anders vorgestellt.«. Nicht nur in Europa weht Jagd und Jägern kräftiger Wind entgegen. Als Jagdbegleiter komme ich auf meinen Reisen weltweit mit naturbegeisterten, tierlieben Gutmenschen zusammen. manche verstehen die Natur, manche weniger, andere haben sich ihr Wissen angelesen, weil sie in der Großstadt aufgewachsen

sind und mangels Erlebens ideologischen Fantasien nachhängen. Naturverständnis – meistens Fehlanzeige.

Somit treffe ich auf meinen Fotosafaris Auf dieses vielsagende Geständnis gehe ich nicht weiter ein. Zehn Minuten später wieder Elefanten auf der Piste, wieder hält der Wagen. Ungeduldig beschwert sich der Mann aus Wuppertal, der sich Elefanten anders vorgestellt hat: »Die haben wir doch schon, fahren Sie weiter!«, während seine beiden Nachbarinnen gelangweilt auf ihre Handys glotzen.

An einer Wasserstelle ruhen vier vollgeluderte Löwen. »Voll süß«, begeistert sich eine Mitfahrerin. Ich kann sie kaum zurückhalten, aus dem Auto zu klettern, um die kleinen Kätzchen, die an den Resten des Gnus nagen, das die Könige der Tiere gerissen hatten, auf den Arm zu nehmen. Dann zieht ein Löwe nach dem anderen fort. Rüpel-, Weißrücken- und Ohrengeier streiten sich nun um die besten Plätze am kalten Buffet, und Marabus warten in stoischer Ruhe auf das, was die Aasvögel übriglassen werden.

Weiter entfernt schleichen Schakale und Hyänen um die Überreste des Wildkörpers. Thompson- sowie Grant Gazellen äsen kaum 100 Meter entfernt unbeeindruckt von dem gewaltigen Schauspiel, das sich uns bietet. In Kürze werden nur noch kümmerliche, ausgeblichene Knochen vom natürlichen Leben und Sterben in der Steppe zeugen, auf den Displays der Handys aber werden zu Hause Freunde und Nachbarn der Touristen noch lange die »Tragödie« bestaunen.

Der Wind weht Aasgeruch herüber. Einige Fahrgäste halten sich angeekelt die Nase zu. Als ein Mitfahrer die blutigen Überreste der Eingeweide entdeckt, halten sich mehrere der Tierfreunde ein Taschentuch vor den Mund, und jemand ruft: »Fahr weiter, den Gestank halte ich nicht aus!«

200, 300 Meter entfernt drückt sich ein Gepard und fixiert eine Thompson Gazelle mit ihrem Kitz. Dann stürmt er los, fliegt förmlich über das knöchelhohe Gras der Steppe dahin und ist kaum noch zu sehen. »Ist er weg?«, »Wo ist das Vieh denn geblieben?«, tönt es. Mehrere Geländeautos rasen hinter der schnellen Raubkatze her, bilden einen Kreis, und in der Mitte der Wagenburg ruht die von ihrem Sprint völlig erschöpfte Gepardin mit ihrer Beute, einem kaum wochenalten Thompson Kitz. Sie hat keine Chance mehr zu flüchten, aber scheinbar auch nicht das Bedürfnis sich zurückzuziehen. Bemerkungen wie »Das arme, kleine Tier«, »Mörder«, »Brutales Viech«, »Fahren Sie weiter, das kann ich nicht mit ansehen«, schwirren aus den Autos durcheinander.

Im Wagen neben uns rauscht ein Funkgerät. Buschtrommel und moderne Technik funktionieren fantastisch, bald sind wir von weiteren Autos umringt. Kameras klicken, dann fahren die ersten Wagen wieder fort. Auf zur nächsten Sensation! Bis dahin sorgt das Handy für Ablenkung.
Über dem Horizont erscheinen zwei Heißluftballons und schweben mit fröhlich winkenden Fluggästen über die Serengeti dahin. Alltag auf meinen »Wildnis Führungen«.

Abends am Feuer übertönt das Gerede und Gekicher der Touristen, das Surren und Klicken ihrer Kameras, die geheimnisvollen, leisen Stimmen, die intensiven Geräusche des afrikanischen Buschs, die neuesten Nachrichten aus der Natur. Meine Gäste hören sie nicht, wollen sie vielleicht auch nicht hören, die aus Europa gesendeten Neuigkeiten über dem Display der Smart Phones und Tabletts sind interessanter. Viele meiner »Fotokunden« wissen, dass ich auch Jäger auf ihren Reisen begleite. »Wie kann man ein so majestätisches Tier wegen seiner Trophäe umbringen?«, werde ich häufig gefragt. Dass das Ziel der meisten Trophäenjäger alte, männliche Stücke ist, deren Überleben für den Fortbestand insgesamt keine Rolle spielt, leuchtet nicht allen Gästen ein.

Es ist schwierig, einem Stadtmenschen klar zu machen, dass ein Tier in der Wildnis, auch wenn es sich äußerlich kaum von Artgenossen im Zoo oder Park unterscheidet, nur entfernt Ähnlichkeit mit ihnen hat, dass es in seinem Benehmen und im Gebrauch seiner Sinne ein völlig anderes Lebewesen ist und mit dem Verhalten von an Menschen gewöhnten Tieren wenig gemeinsam hat. Wie die zahlreichen Sauen in Berlin, die sich längst an die Anwesenheit der Menschen gewöhnt haben.

»Jagen und Schießen, das erste ist die Hauptsache, das zweite die wichtigste Nebensache«, mache ich den Leuten klar und verteidige meine Passion. Bei einer guten Jagd geht es ebenso wenig um das Töten, wie bei gutem Sex um das Zeugen eines Kindes oder bei guter schriftstellerischer Arbeit um die spätere Veröffentlichung. Das Faszinierende, der Genuss, ja die Erfüllung, liegt im Reiz des Forschens und Suchens, dessen Ausgang nie sicher, dessen Ziel stets ungewiss ist.

In Afrika helfen beim Versuch die Notwendigkeit der Jagd zu erklären die unermesslichen Schäden, die marodierende Elefantenherden auf den kümmerlichen Feldern der Einheimischen anrichten, oder Raubkatzen, die die Herden der armen Bevölkerung zehnten.

Eine junge Frau hielt mir einmal vor: »Freude an der, -Eintauchen in die Natur, Genießen der Ruhe im Wald, sportliche Betätigung an frischer Luft, spannende Erlebnisse, das Beobachten kleiner Wunder, die man beim »normalen« Spaziergang in Feld und Wald nie entdecken würde oder Überlisten des Wildes, auch die Liebe zu wilden Tieren, sind keine stichhaltigen Argumente, um Ihre sogenannte Jagdpassion zu begründen, das können Sie auch, ohne Tiere umzubringen, und einen Rehrücken, einen Hasenbraten oder eine Wildschweinkeule können Sie schließlich beim Wildhändler besorgen«.

Hierauf suche ich noch eine überzeugende Antwort. Goethe sagte, der Tod sei der Kunstgriff der Natur viel Leben zu erhalten.
Auf dem Rückflug von einer Jagdreise, saß ich neben einer älteren Dame und erzählte von einem erlegten Büffel, dessen Fleisch von der Safari Belegschaft innerhalb einer Woche aufgegessen worden war. Sie schüttelte den Kopf und nannte mich barbarisch. So ein großes Tier brutal umzubringen und aufzuessen, überstieg ihre Vorstellungskraft. Wir schauten uns anschließend einen Film an, der mich bereits auf dem Hinflug nach Afrika beeindruckt hatte: Ein Gepard hetzte eine weibliche Impala, zog sie zu Boden und riss riesige Fleischbrocken aus dem sich aufbäumenden, dann nur noch zuckenden Wildkörper. Blut spritzte, während das Kitz (ach wie süß!) danebenstand. Der lange, qualvolle Todeskampf machte mich nachdenklich, aber die begeisterte Tierfreundin neben mir klärte mich auf: »Das ist Natur!«

Kapitel 19

Ein neuer Jäger wächst heran

Wird man älter, beschäftigt man sich zunehmend mehr mit der Vergangenheit, merkt, wie lange sie zurückreicht, und je mehr man sich dann mit ihr befasst, je besser man sie kennt, desto kritischer, aber auch gerechter, beurteilt man die Gegenwart. Wehmut kommt auf, wenn ich daran denke, wie meine Generation vor knapp einem halben Jahrhundert Jäger wurde. »Ist ihr Vater Jäger, oder ihr Großvater?«, fragte ich einen der drei jungen Männer, die rauchend vor der Dorfkneipe standen, als ich meinen Enkelsohn zum Jagdscheinkursus brachte in dem zwei Monate lang für die Jägerprüfung gepaukt wurde, was Blase, Krebs und andere Lehrbücher hergeben.

»Ne, mit Jagen haben wir nichts am Hut. Wir sind Motorradfans, haben mal zusammen den Surfschein gemacht und dachten, wir machen jetzt mal was ganz anderes. Muss doch supergeil sein, selber was zu schießen und dann zu essen.« Mein Enkel blickte irritiert. Ich war sprachlos. Meine jagdliche Prägung und Ausbildungszeit begann im Kindesalter und endete nicht nach der supergeilen Erlegung meines ersten Rehbockes, als ich zwölf Jahre alt war, sondern dauert bis heute an.

Der Ausdruck »Theorie« war ein Fremdwort, es gab nur Praxis, und die von frühester Jugend an. Ob Grashüpfer oder Grasmücke, Hirschlaus oder Hirschkäfer, Laubbaum oder Laubfrosch, Rehbock oder Rebhuhn, Dachs oder Drossel, hautnahe Beobachtungen machten mich mit allem vertraut, was da kreucht und fleucht in Gottes weiter Natur, wurde auf eigene Faust erforscht, nicht angelesen.

Zwei Monate später sitze ich mit meinem Enkel auf einem Hochsitz am Waldrand. Der junge Jäger starrt durch das Fernglas zu dem Reh, das da auf knapp 200 Meter vor uns ausgetreten ist, ein schwacher Sechser, nicht alt, nicht jung, kein Knopfer, wie ich es mir als ersten Bock für den Jungen neben mir gewünscht habe, aber er sollte passen.

Mein Nebenmann, das Glas gebannt vor den Augen, schielt zu mir her. Ich spüre seine Erregung, seine Ungeduld, dass der Alte endlich was sagt, und dann meine erlösenden Worte: »Ich glaube, der ist was für uns.« Der frischgebackene Jagdscheininhaber lässt sein Glas sinken und will zur Büchse greifen. »Wie weit?«, flüstert er.

Es mögen 160, 170, vielleicht auch 180 Gänge sein. Auf dem Pappkarton hat der Junge gezeigt, dass er ein besonnener Schütze ist. Wir haben geübt auf 80 und auf 180 Meter, und er hat mit zehn Schüssen das Ziel, nicht größer als ein Bierdeckel, getroffen. Konzentriert und unaufgeregt, ich bin zuversichtlich.
»180 Meter«, murmelt er, als wolle er sich noch einmal vergewissern und greift zur Büchse.
»Ja, zu weit für einen waidgerechten Schuss«, reagiere ich.
Ein ungläubiger Blick, ein erstauntes »aber«, doch ich lasse ihn nicht weiterreden: »Wir sind doch Jäger. Mit dem Zielfernrohr und der Auflage ist es kein Problem den Bock zu treffen. Das ist Töten mit technischen Mitteln, Jagen ist das nicht.«
Das Gesicht meines Mitjägers wird lang und länger. Ich merke ihm die Enttäuschung über meine Worte an. Leise rede ich weiter: »Das unterscheidet einen Jäger von einem Kunstschützen. Los, runter vom Hochsitz, in dem Gras kannst du bis auf 50 Meter ran kriechen.«
Der Bock war derweil vertraut äsend weiter auf die Wiese gezogen, während mich mein Enkel immer noch sprachlos anglotzt. Er ist überfordert. Von »Ankriechen« hatte er im Jägerkursus nie etwas gehört, hatte wohl gerade gefehlt, als es gelehrt wurde. Einen dreiwöchigen Crashkurs in Theorie hatte er ja erfolgreich absolviert, nun folgt ein sechsminütiger Schnellkurs in der Praxis im Revier über das Ankriechen von Wild.
Ich rutsche das Sitzbrett des engen Hochsitzes nach vorn, winkele die Knie an, setze mich quer darauf und stelle meine Hacken auf die Sitzunterlage. Mein Enkel musste mir dafür Platz machen, aufstehen und beobachtet nun im Stehen kritisch die Aktion seines alten Onkels.
Ich doziere und demonstriere dann im Flüsterton: »Du legst das Gewehr in die Leistenbeuge, stützt dich mit den Händen nach hinten ab und rutscht mit dem Hintern vorwärts. Den Bock darfst du dabei nicht aus den Augen lassen. Wird er unruhig, nimmt das Haupt hoch und sichert, legst du dich langsam auf den Rücken, und er kann dich nicht eräugen, ganz einfach«, schließe ich meinen Unterricht ab.

Wir schauen noch einmal durch unsere Ferngläser zum Bock, er ist vertraut, als gäbe es auf der ganzen Welt keinerlei Gefahren für ihn, immer noch knapp 200 Gänge entfernt von unserem Sitz. Mein Großsohn entlädt die Büchse und steigt behutsam die Leiter runter. Und ich beobachte, wie er sich auf den Boden setzt, so, wie ich es ihm vorgemacht hatte, die Büchse in die Leiste legt auf seinem Gesäß losrutscht. Befriedigt betrachte ich den Jungen, als er sich vorwärts schiebt, langsam vom Sitz entfernt, nach 20 Metern zu mir umdreht, behutsam die Hand hebt und zufrieden mit dem Daumen nach oben zeigt. Ich brauche mein Glas nicht zu Hilfe zu nehmen, erkenne mit bloßen Augen, dass mein Zögling zufrieden nickt und über beide Ohren strahlt.
Zwischenzeitlich ist ein mehr als Daumennagel großes, braun graues Insekt mit riesigen Fühlern auf meinem Ärmel gelandet und lenkt mich für mehrere Augenblicke von dem Jäger und dem Gejagten ab. Fasziniert beobachte ich, wie es emporkrabbelt, bis es mit leisem Gebrumm davonschwirrt und ich mich wieder der eigentlichen Jagd widme. Meine Blicke gehen zwischen dem jungen Bock und dem jungen Jäger hin und her. Mit Genugtuung registriere ich, dass die Entfernung zwischen beiden geringer wird, ohne dass der Bock aufwirft. Zweimal dreht sich der junge Jäger noch nach dem Hochsitz um, dann, nach ungefähr zehn Minuten bewegt er sich nicht weiter, richtet sich langsam etwas auf und durch das Glas registriere ich, dass er die Büchse auf den Knien auflegt. Schon knallt es. Ein schneller Blick zum Bock, er ist verschwunden, im Feuer zusammengebrochen.
Ich warte zehn Minuten, um den Jäger mit seinem ersten Rehbock allein zu lassen, ihm Zeit zu geben den Augenblick zu genießen und in aller Ruhe die Jagd noch einmal zu überdenken.
Ich denke an die Erlegung meines ersten Rehbocks. Ich musste auf der Jagd stets einen Block mitführen, auf den einzelnen Blättern waren Rehhäupter stilistisch von vorne, hinten und der Seite eingezeichnet, um das Gehörn zu skizzieren. Darunter musste ich festhalten, ob es sich um sogenannte Hegeabschüsse handelt. Ob sich die Gehörn Qualitäten im Revier durch diese Maßnahme verbessert haben vermag ich nicht zu sagen, glaube es nicht, aber es war ein anderes Jagen. Lange Beobachten, geduldig Hegen, erfreutes Wiedererkennen, auch mal schmerzendes Verzichten, die Entwicklung verfolgen war angesagt.

Und dann stehe ich neben den Beiden.
Als sich der stolze Erleger nach dem Aufbrechen dankbar den Bruch hinter sein Hutband steckt, bricht es aus ihm heraus: »Das war supergeil, viel spannender, als von der Kanzel aus zu schießen, das mache ich jetzt immer so.«

GERT G. VON HARLING

wuchs in engstem Kontakt mit Jagd, Hunden und Pferden auf einem einsamen Forstgut in der Lüneburger Heide auf, war im Einklang mit der Natur in die Land- und Forstwirtschaft eingebunden und ist von Kindesbeinen an mit der Jagd vertraut. Die Liebe zum ländlichen Leben wurde zu seiner bis heute ungebrochenen Passion, die Jagd auch beruflich Mittelpunkt seines Lebens. Mit 18 Jahren zog es ihn erstmals für längere Zeit auf eine afrikanische Jagdfarm, weitere Auslandsaufenthalte als Jagd- und Reisebegleiter schlossen sich an. Seine ausgedehnten Jagdreisen führten ihn in über 45 Länder.

Bevor er als Nachfolger des legendären Gerd von Lettow-Vorbeck Schriftleiter bei der Zeitschrift „Wild und Hund“ wurde, jagte er, auch beruflich, im europäischen Ausland und in Übersee. Seine Erfahrungen veröffentlichte er in zahlreichen Artikeln der einschlägigen Jagd- und Tagespresse.

Gert G. von Harling ist mit mehr als 90 Buchveröffentlichungen Deutschlands meistgelesener zeitgenössischer Jagdbuchautor und Gründungsmitglied des Forums lebendige Jagdkultur. Der Internationale Rat zur Erhaltung des Wildes und der Jagd (CIC) verlieh ihm den Literatur- sowie den internationalen Kunstpreis. Vom Deutschen Jagdschutzverband (seit 2014 Deutscher Jagdverband, kurz DJV) erhielt er neben verschiedenen hohen Verdienstnadeln den Kulturpreis.

Mehr unter:
www.vonharling-jagd.de

Bildnachweis:

Seite 3 und 4: ©Fahkamram/stock.adobe.com; Seite 8: ©ohenze/stock.adobe.com; Seite 10: ©Oradige59/stock.adobe.com, Seite 11: ©Monika Surzin/shutterstock.com; Seite 13: ©GHOSTWOLFF/shutterstock.com; Seite 14: ©alenacepl/shutterstock.com; Seite 17: ©ohenze/stock.adobe.com; Seite 18: ©Scout901/shutterstock.com; Seite 21: ©marydrw/shutterstock.com, ©Vogelfotograf/shutterstock.com, ©smutan/shutterstock.com; Seite 22: ©Dennis Jacobsen/shutterstock.com; Seite 23: ©PATRICK GLAUME/shutterstock.com; Seite 24: ©Valerio Pardi/shutterstock.com; Seite 25: ©Judith Andrews/shutterstock.com, Seite 26: ©Aurélien PAPA/stock.adobe.com; Seite 28: ©Flower Studio/stock.adobe.com; Seite 29: ©PhotocechCZ/shutterstock.com; Seite 31: ©Yulia Mladich/shutterstock.com; Seite 32: ©Roman Kosolapov/shutterstock.com; Seit 34: ©Ihor Hvozdetskyi/shutterstock.com; Seite 35: ©Piotr Grzempowski/shutterstock.com, ©Uzo Borewicz/shutterstock.com, ©Monika Surzin/shutterstock.com, ©Vechterova Valeria/shutterstock.com ; Seite 36: ©Jeff Morgan/shutterstock.com, Seite 37: ©Kuttelvaserova Stuchelova/shutterstock.com; Seite 38: ©Obcykany/shutterstock.com; Seite 39: ©PATRICK GLAUME/shutterstock.com; Seite 40: ©Yuriy Kulik/shutterstock.com; Seite 42: ©Yuriy Kulik/shutterstock.com; Seite 43: ©GS23/shutterstock.com, ©David Gallaher/shutterstock.com; Seite 44: ©WildMedia/shutterstock.com; Seite 46: ©Elvenphoto/shutterstock.com; Seite 47: ©goffkein.pro/shutterstock.com; Seite 48: ©ysbrandcosijn/stock.adobe.com; Seite 51: ©Michael Stadtfeld, ©Martin Prochazkacz/shutterstock.com; Seite 52: ©YsbrandCosijn/stock.adobe.com; Seite 55: ©hecke61/shutterstock.com; Seite 56: ©Budimir Jevtic/shutterstock.com; Seite 58: ©Filip Nasaly/shutterstock.com; Seite 60: ©stone36/stock.adobe.com; Seite 62: ©Davide Zanin Photography/shutterstock.com; Seite 63: ©Piotr Krzeslak/shutterstock.com; dugdax/shutterstock.com; Seite 64: ©imageBROKER.com/shutterstock.com; ©Branislav Cerven/shutterstock.com, Seite 66: ©Gert G. von Harling; Seite 68: ©W. Nagel; Seite 69: ©Greens and Blues/shutterstock.com; Seite 70: ©MVolodymyr/shutterstock.com; Seite 71: ©Monika Surzin/shutterstock.com, Seite 72 und 73: ©Miriam Sims Mitchell/shutterstock.com, Seite 75: ©bieszczady_wildlife/shutterstock.com; Seite 76: ©fokke baarssen/shutterstock.com; Seite 78: ©Nordfriisk Photography/shutterstock.com; Seite 79: ©Jaroslaw Kochnio/shutterstock.com; Seite 80: ©Tom Korcak/shutterstock.com; Seite 82: ©gustav/stock.adobe.com; Seite 84: ©PATRICK GLAUME/shutterstock.com; Seite 85: ©Wirestock Creators/shutterstock.com, ©Fercast/shutterstock.com; Seite 86: ©Giedriius/shutterstock.com; Seite 87: ©CsaboPhoto/shutterstock.com, ©Stefan_Sutka/shutterstock.com, ©Svetlana Zhukova/shutterstock.com; Seite 88 und 89: ©MOH/shutterstock.com; Seite 90: ©Angyalosi Beata/shutterstock.com; Seite 92: ©Piotr Krzeslak/stock.adobe.com; Seite 94: ©Wirestock Creators/shutterstock.com; Seite 95: ©pp1/shutterstock.com; Seite 96: ©Earth And More/shutterstock.com, ©Oasishifi/shutterstock.com; Seite 98: ©Robsonphoto/shutterstock.com; Seite 101: ©DoreenB Photography/shutterstock.com; Seite 102: ©Tomasz Zajda/stock.adobe.com; Seite 104: ©Oradige59/stock.adobe.com; Seite 105: ©Paul Aniszewski/shutterstock.com; Seite 106: ©P.Cartwright/shutterstock.com; Seite 107: ©Yuriy Balagula/shutterstock.com; Seite 108: ©nedelch0/stock.shutterstock.com; Seite 109: ©Gert G. von Harlin; Seite 110: ©Archiv Gert G. von Harling; Seite 112: ©czjonyyy/shutterstock.com; Seite 113: ©Archiv Gert G. von Harling; Seite 114: ©WildMedia/shutterstock.com; Seite 116: ©Pavlov Sergei888/shutterstock.com; Seite 119: ©Frank Fichtmueller/shutterstock.com, ©Leoniek van der Vliet/shutterstock.com; Seite 121: ©Marcin Perkowski/shutterstock.com; Seite 122: ©Marg o photographies/stock.adobe.com; Seite 124: ©matt_wiszniewski/shutterstock.com; Seite 125: ©Matt Gibson/shutterstock.com; Seite 126: ©Gallinago_media/shutterstock.com; Seite 127: ©Goat and Hare Photography/shutterstock.com; Seite 128: ©Peter Fuzia/shutterstock.com; Seite 129: ©Greens and Blues/shutterstock.com; Seite 131: ©Ondrej Prosicky/shutterstock.com; Seite 132: ©irina.volkova/shutterstock.com; Seite 135: ©WildMedia/shutterstock.com; Seite 136: ©J. P. B/shutterstock.com; Seite 137: ©Herman van de Bunt/shutterstock.com; Seite 138: ©BearFotos/shutterstock.com; Seite 140: ©Martin Prochazkacz/shutterstock.com; Seite 141: ©WildMedia/shutterstock.com; Seite 142: ©Niklas Lengerti/shutterstock.com; Seite 144: ©DreamsCanBe/stock.adobe.com; Seite 146: ©F-Focus by Mati Kose/shutterstock.com; Seite 147: ©Andrei Bortnikau/shutterstock.com; Seite 148: ©Martin Prochazkacz/shutterstock.com; Seite 149: ©Volodymyr Burdiak/shutterstock.com; Seite 150: ©Jens Metschurat/shutterstock.com; Seite 151: ©WildMedia/shutterstock.com; ©Pi-Lens/shutterstock.com; Seite 152: ©Solar 760L Foto/shutterstock.com; Seite 153: ©Michal Ninger/shutterstock.com; Seite 155: ©photographer_from_1980/shutterstock.com; Seite 156: ©Olha Solodenko/shutterstock.com; Seite 158: ©soft_light/shutterstock.com; Seite 159: ©Kristian Muthugalage/shutterstock.com; Seite 160 und 161: ©Eric Isselee/shutterstock.com; Seite 162: ©Remo Engelbrecht; Seite 164 und 165: ©Greens and Blues/shutterstock.com; Seite 167: ©Remo Engelbrecht; Seite 168: ©Fritz Feist; Seite 170 und 171: ©Oradige59/stock.adobe.com; Seite 173: ©Gert G. von Harling; Seite 174: ©Archiv Gert G. von Harling

WEITERE INTERESSANTE BÜCHER AUS DEM JAGDPROGRAMM

Gert G. von Harling

Wohin die Jagd mich rief
Abenteuergeschichten auf
vier Kontinenten

160 Seiten, 80 Bilder
ISBN 978-3-275-02233-5
€ 19,95 / € (A) 20,60

Gert G. von Harling

Jagd-Geschichten
zwischen Tag
und Traum

176 Seiten, 80 Bilder
ISBN 978-3-275-02280-9
€ 24,90 / € (A) 25,60

Gert G. von Harling

Von Jägern und Gejagten
Kamin-Gespräche
in der Jagdhütte

176 Seiten, 90 Bilder
ISBN 978-3-275-02315-8
€ 22,00 / € (A) 22,70

Gert G. von Harling

Jagd- und Jägerbräuche im Wandel

144 Seiten, 144 Bilder
ISBN 978-3-275-02177-2
€ 19,95 / € (A) 20,60

Gert G. von Harling
Hartwig von Seydlitz

Auf Pirsch in Deutschland und Namibia
Zwei erfahrene Jagdfreunde erzählen

176 Seiten, 131 Bilder
ISBN 978-3-275-02344-8
€ 29,90 / € (A) 30,80

Dirk Decker
Peter Waldmüller

Kochlust und Jagdpassion
Ein Kochbuch
für heimisches Wildbret

208 Seiten, 239 Bilder
ISBN 978-3-275-02298-4
€ 29,90 / € (A) 30,80

Leseproben zu allen Titeln auf unserer Internetseite

Änderungen in Preis und Lieferfähigkeit vorbehalten.

Überall, wo es Bücher gibt, oder unter
WWW.MUELLERRUESCHLIKON.DE
Service-Hotline: 0711 / 78 99 21 51

Müller Rüschlikon